INSTITUT FÜR TIERWISSENSCHAFTEN
ABTEILUNG PHYSIOLOGIE UND HYGIENE
DER RHEINISCHEN FRIEDRICH-WILHELMS-UNIVERSITÄT BONN

Chlamydieninfektionen bei Milchkühen in Nordrhein-Westfalen, Prävalenz, Risikofaktoren, Kennziffern und Vorhersagewahrscheinlichkeiten

INAUGURAL-DISSERTATION

zur

Erlangung des Grades

Doktor der Agrarwissenschaften

(Dr. agr.)

der

Hohen Landwirtschaftlichen Fakultät

der

Rheinischen Friedrich-Wilhelms-Universität

zu Bonn

vorgelegt am

08.10.2009

von Dipl.-Ing. agr. Kirsten Kemmerling

aus Bergisch-Gladbach

Bibliografische Information der Deutschen Nationalbibliothek
Die Deutsche Nationalbibliothek verzeichnet diese Publikation in der Deutschen Nationalbibliografie; detaillierte bibliografische Daten sind im Internet über http://dnb.d-nb.de abrufbar.
1. Aufl. - Göttingen : Cuvillier, 2010
Zugl.: Bonn, Univ. Diss., 2009

978-3-86955-268-2

Referentin:	Frau Prof. Dr. Dr. H. Sauerwein
Korreferent:	Herr Prof. Dr. K.-H. Südekum
Tag der mündlichen Prüfung:	16. Dezember 2009
Erscheinungsjahr:	2010

Nonnenstieg 8, 37075 Göttingen
Telefon: 0551-54724-0
Telefax: 0551-54724-21
www.cuvillier.de

1. Auflage, 2010
Gedruckt auf säurefreiem Papier

978-3-86955-268-2

Für meine Eltern
und Axel

Chlamydieninfektionen bei Milchkühen in Nordrhein-Westfalen: Prävalenz, Risikofaktoren, Kennziffern und Vorhersagewahrscheinlichkeiten

Primäres Ziel dieser Arbeit war es, die Prävalenz von *Chlamydophila* spp. in zufällig ausgesuchten Milchviehbetrieben in Nordrhein-Westfalen mit Hilfe einer hoch sensitiven genus-spezifischen real-time PCR festzustellen. Dazu wurden in Betrieben mit weniger als 100 Kühen zehn Tiere je Herde und in Betrieben mit mehr als 100 Kühen 10% der Herde mittels Vaginaltupfern beprobt. Aufgrund der diskontinuierlichen Ausscheidung des Erregers wurde eine Herde als positiv eingestuft, wenn mindestens ein Tier dieser Herde ein positives Ergebnis für *Chlamydophila* spp. aufwies. So wurde eine Prävalenz von 61% für eine aktuelle Infektion mit *Chlamydophila* spp in den untersuchten Betrieben (Betriebsebene), entsprechend 13,5% der untersuchten Kühe (Einzeltierebene) festgestellt.

Als zweites Ziel dieser Arbeit wurden Risikofaktoren, welche die Verbreitung des Erregers aufzeigen und die Parameter, für die sich Unterschiede zwischen positiv und negativ klassifizierten Herden und Kühen ergaben und die damit als Kennzeichen für Infektionen mit *Chlamydophila* spp. gelten können, mittels Fragebögen erfasst. Diese enthielten Daten aus der Milchleistungsprüfung, aus Herdenmanagementprogrammen, Tierarztdaten und Beobachtungsdaten.

In *Chlamydophila* spp. positiv klassifizierten Betrieben konnte eine geringere Milchleistung (-513 kg/Jahr), eine geringere Anzahl an Laktationen (-0,5) und eine kürzere Rastzeit (-9 Tage) festgestellt werden. Interaktionen zwischen diesen Variablen, dem *Chlamydophila* Status und der Laktationsnummer waren nicht vorhanden. Als Risikofaktoren für Infektionen mit dem Erreger wurden der Zukauf von Tieren, der Einsatz von Deckbullen anstelle der künstlichen Besamung, ein fehlender separater Abkalbebereich, ungenügende Boxen- und Laufgangreinigung und unsaubere Kühe identifiziert. Als Kennzeichen für Infektionen mit dem Erreger wurden geschwollene Gelenke, Klauen und/oder Störungen im Bewegungsapparat festgestellt. Außerdem traten in den positiv klassifizierten Betrieben vermehrt Aborte, zu frühe Kalbungen und eine erhöhte Kälbersterblichkeit auf. Positive Kühe und negativ getestete Kühe aus positiven Herden wiesen ebenfalls eine geringere Milchleistung (-383 kg bzw. -298 kg), häufigere Aborte, verfrühte Kalbungen, erhöhte Kälbersterblichkeit, Nachgeburtsverhaltung, unsauberen Vaginalausfluss, erhöhte Anzahl an tierärztlichen Behandlungen nach der Kalbung und Infertilitätsbehandlungen auf; zudem war ein geringerer Zellzahlwert (-35.000 Zellen/ml bzw. -23.000 Zellen/ml) und ein höherer Besamungsindex (2,6) im Vergleich zu den Kühen aus negativ klassifizierten Betrieben (2,2) feststellbar.

Als drittes Ziel dieser Arbeit wurde mit Hilfe der signifikanten Variablen in verschiedenen logistischen Regressionsmodellen eine Checkliste ermittelt, die als Ergebnis dieser Arbeit zur Verfügung steht, um den *Chlamydophila*-Status unbekannter Betriebe festzustellen.

Mit dieser Studie ist erstmals die Prävalenz von aktuellen Infektionen mit *Chlamydophila* spp. in zufällig ausgesuchten Betrieben erfolgt.

Chlamydophila spp. infections in dairy farms in North-Rhine-Westphalia: prevalence, risk factors, indices, and prediction probability

The first aim of our study was to evaluate the prevalence of *Chlamydophila* spp. in randomly selected dairy farms in North-Rhine-Westphalia using a highly sensitive genus-specific real-time PCR. In case of less than 100 cows per herd, ten cows per herd were sampled; if a herd had more than 100 cows, 10% of the herd were sampled. Due to the discontinuous shedding of the pathogen, a herd was classified as positive if at least one animal per farm was tested positive for *Chlamydophila* spp. The prevalence for an ongoing infection in farms was 61%, equivalent to 13.5% of the 1074 sampled cows.

Milk performance recording data, veterinary data, data from management programs and observation data were evaluated to get two databases: a herd-level database and a cow-level database. Predisposing and risk factors which were related to the spreading of *Chlamydophila* spp. were evaluated based on the database variables. Variables which were different between positive and negative classified farms were attributed as indices for infections with *Chlamydophila* spp. The second aim of this study was to identify these variables.

Chlamydophila spp. positive tested farms had a lower milk yield (-516 kg/year), lower numbers of lactation (-0.5 lactations) and less days open (-9 days). There were no interactions between these variables, the *Chlamydophila* classification and the lactation number. Replacement animals from outside sources, use of breeding bulls for insemination instead of artificial insemination, lack of separate calving pens, failing and unsatisfactory cleanliness of beddings and walkways and also unsatisfactory cleanliness of the cows were identified as risk factors for infection with the pathogen.

Inflamed joints, claws and/or disturbed locomotion were associated with *Chlamydophila* spp. infection. Positive classified farms had more abortions, preterm calving and perinatal deaths than negative classified farms.

Cows tested positive and negative tested cows from positive farms had more often abortions, preterm calvings, perinatal deaths, retained placenta, vaginal discharges and therapeutic treatments after calving and against infertility. They also had lower milk yields (-383 kg and 298 kg respectively) lower somatic cell counts (-35,000 cells/ml and 23,000 cells/ml respectively), and a higher number of inseminations (2.6) per conception than the animals from negative classified farms (2.2).

The third aim of our study was to establish a combination of variables that is suitable to characterize the likelihood for *Chlamydophila* spp. infections on farms with an unknown *Chlamydophila* status. For that purpose, all variables, which were identified as risk factors and attributed as indices for infections with *Chlamydophila* spp, were pooled in different logistic regression models, to develop the best combination of variables. This final checklist consisted of the variables “perinatal deaths”, “place of calving” and “kind of insemination” and is a result of this study to classify the *Chlamydophila*-status on unknown farms.

Inhaltsverzeichnis

Abkürzungsverzeichnis

Abkürzungen sind in deutscher Sprache dargestellt, bei gleichzeitiger Verwendung in der englischen Sprache ist die Abkürzung in Klammern aufgeführt.

Neben den Abkürzungen für Einheiten des Internationalen Einheitensystems und den Symbolen für chemische Elemente wurden im Text folgende Abkürzungen verwendet:

AdB	Art der Besamung
BGM	Buffalo Green Monkey Cells
BHV1	Bovines Herpesvirus Typ 1
bp	Basenpaare
BVD/MD	Bovine Virusdiarrhoe/Mucosal Disease
C	*Chlamydia*
CC	*Chlamydophila* classification
CI	Konfidenzintervall (Confidence interval)
CK	*Chlamydophila* Klassifizierung
Cp	*Chlamydophila*
C_T	Cycle-Threshold
DIM	Days in milk
DNA	Desoxyribonukleinsäure (Desoxyribonuclin acid)
dNTP	Nukleotidtriphosphate
EBE	Einschlußbildende Einheiten
EK	Elementarkörperchen
ELISA	Enzyme-linked Immunosorbent assay
FAM	6-Carboxy-Fluoreszein
IgG1	Immunglobuline G1
IgG2	Immunglobuline G2
I^-H^-	*Chlamydophila* spp. negativ getestete Kühe aus negativ klassifizierten Herden
I^-H^+	*Chlamydophila* spp. negativ getestete Kühe aus positiv klassifizierten Herden

I^+H^+	*Chlamydophila* spp. positiv getestete Kühe aus positiv klassifizierten Herden
KäSterb	Kälbersterblichkeit
KBR	Komplement-Bindungsreaktion
LaGr	Laktationsgruppe (Lactation group)
LCR	Ligasekettenreaktion
LKV	Landeskontrollverband
LPS	Lipopolysacharid
MLP	Milchleistungsprüfung
MOMP	Major outer membrane protein
NRW	Nordrhein-Westfalen (North Rhine-Westphalia)
OdA	Ort der Abkalbung
Omp1	Outer-membrane-protein1
OmpA	Outer membrane proteineA
OmpB	Outer membrane proteineB
OR	Odds ratio
PCR	Polymerase-Kettenreaktion (Polymerase-chain-reaction)
RFLP	Restriktionsfragment-Längenpolymorphismus (Restriction fragment length polymorphism)
RK	Retikularkörperchen
RNA	Ribonukleinsäure (Ribonucleinacid)
rRNA	ribosomale Ribonukleinsäure (Ribosomal ribonucleinacid)
RR	Risk ratio
SCC	Somatic cell count
SD	Standardabweichung (Standard deviation)
TAMRA	6-Carboxy-Tetramethyl-Rhodamin

Tabellenverzeichnis

Abbildungsverzeichnis

Kapitel 1

Einleitung und Ziel der Arbeit

Die Familie der *Chlamydiaceae* besteht aus obligat intrazellulär lebenden Bakterien, die auf der ganzen Welt zu finden sind und sowohl Menschen als auch Tiere infizieren können. *Chlamydiaceae* besitzt zwei Gattungen: *Chlamydia* (*C*) und *Chlamydophila* (*Cp*), deren Spezies *Cp. psittaci*, *Cp. abortus* und *Cp. pecorum* bei Wiederkäuern zu finden sind.

Infektionen mit *Chlamydophila* spp. bei Rindern können eine Vielzahl an differenten Symptomen und Krankheitsbildern hervorrufen. So sind vor allem Erkrankungen des Genitaltraktes, Fertilitätsstörungen sowie Verkalbungen und Aborte als Folgen von Infektionen mit *Chlamydophila* spp. bekannt (SHEWEN 1980, WILSON & THOMPSEN 1968, WITTENBRINK et al. 1988). Aber auch respiratorische Erkrankungen (JÄGER et al. 2007, REINHOLD et al. 2008), Polyarthritis (PEREZ-MARTINEZ & STORZ 1985a, SCHMEER et al. 1987, TWOMEY et. al. 2006), Konjunktivitis (PEREZ-MARTINEZ & STORZ 1985b, WILSON & THOMPSEN 1968, WITTENBRINK et al. 1988) und Mastitiden (RØNSHOLT & BASSE 1981, WEHNERT et al. 1980) werden als häufige Erkrankungen beschrieben. Beeinträchtigungen der Gesundheit und des Wohlbefindens der Tiere sind die Folge dieser Chlamydiosen, welche auch zu wirtschaftlichen Einbußen führen können.

Wie alle Infektionskrankheiten kann die Chlamydiose sowohl mittels direktem Erregernachweis wie auch über Antikörper, die der Organismus gegen den Erreger gebildet hat, diagnostiziert werden (SACHSE et al. 2009). Die Bildung von Antikörpern erfordert einige Zeit, sie sind aber auch lange nach der Infektion noch nachweisbar. Nukleinsäure-basierende Nachweisverfahren wie die Polymerase-Kettenreaktion (PCR) haben gegenüber serologischen Untersuchungen den Vorteil, dass ein positiver Befund die tatsächliche Anwesenheit des Erregers anzeigt, sie weisen das Antigen nach (SACHSE et al. 2009).

Zahlreiche Studien stellen mit Hilfe von Antikörper-Tests eine hohe Seroprävalenz von bis zu 100% fest, bei gleichzeitig häufigem Auftreten von Fruchtbarkeitsstörungen, Infertilität und Aborten (CAVIRANI e al. 2001, DOMEIKA et al. 1994, WANG et al. 2001, WEHREND et al. 2005, WITTENBRINK et al. 1988). Diese Studien zeigen weder die tatsächliche Anwesenheit des Erregers, noch stammen die Daten von zufällig ausgesuchten Tieren und Betrieben, sondern von

Tieren, die aufgrund von Fertilitätsproblemen, Aborten oder anderen Problemen, welche mit Chlamydieninfektionen in Verbindung gebracht werden, vorselektiert wurden.

Die Ausscheidung des Erregers erfolgt mit verschiedenen Körpersekreten: Geburtsflüssigkeiten, Urin, Vaginal-, Augen- und Nasenausfluss und auch über Kot, Samen und mit der Plazenta (LONGBOTTOM & COULTER 2003, PEREZ-MARTINZEZ & STORZ 1985a, RODALKIS et al. 1998). Dies ermöglicht ein breites Spektrum an Möglichkeiten für Übertragung, Verteilung und Infektion des Erregers.
Die Transmission von *Chlamydophila* spp. kann venerisch ebenso wie auf der fäkal-oralen Route erfolgen oder auch durch Inhalation von kontaminierter Luft (oronasal) (GERBERMANN 1991, LONGBOTTOM & COULTER 2003, PAPP & SHEWEN 1996, PEREZ-MARTINZEZ & STORZ 1985a, RODALKIS et al. 1998, SCHACHTER et al. 1975). Bestimmte Faktoren gelten als prädisponierend für den Erreger, wie das Zuführen von Tieren aus anderen Beständen oder Ansammlungen von Kot und Urin (HORSCH 1980).

Das erste Ziel dieser Arbeit ist, die aktuelle Prävalenz von *Chlamydophila* spp. in Milchviehbetrieben in Nordrhein-Westfalen festzustellen, die zufällig und nicht aufgrund von Krankheiten und anderen Problemen ausgewählt wurden. Die Anwesenheit des Erregers wird durch die Bestimmung mittels eines hoch sensitiven, genus-spezifischen real-time PCR Protokolls ermittelt.
Das zweite Ziel dieser Arbeit besteht in der Erfassung von Faktoren, die prädisponierend wirken bzw. ein Risiko für die Übertragung und Verteilung des Erregers darstellen können, sowie von Faktoren, welche Anzeichen für Infektionen mit dem Erreger sein können, um so Unterschiede zwischen positiv und negativ klassifizierten Herden und negativ und positiv getesteten Milchkühen zu erfassen. Dazu sind Daten der Milchleistungsprüfung, technologische und Managementbedingungen, Maßnahmen des Betriebes und betriebliche Gegebenheiten, Reproduktions- und Gesundheitsdaten mit Hilfe von Fragebögen erfasst worden, so dass sowohl auf Herdenebene als auch auf Einzeltierebene ein Datensatz entstanden ist.
Im dritten Ziel dieser Arbeit sind die ermittelten Parameter des Herdendatensatzes, welche Unterschiede zwischen positiv und negativ klassifizierten Herden

beschreiben, mit Hilfe logistischer Regressionsmodelle so ausgewertet worden, dass eine Checkliste entstand, mit deren Hilfe eine Milchvieherde, deren *Chlamydophila*-Status unbekannt ist, klassifiziert werden kann. Auf diese Weise kann gezielter untersucht werden, so dass Kosten und Zeit für die Probenentnahme und die Laboranalyse gespart werden können.

Kapitel 2

Literaturüberblick

In den dreißiger Jahren untersuchte Sir Bedson Mikroorganismen, die Pneumonien bei Menschen verursachten (BEDSON & BLAND 1932); diese in Einschlusskörperchen vorliegenden Erreger ähnelten denen, die drei Jahrzehnte zuvor von den deutschen Opthalmologen HALBERSTAEDTER & VON PROWAZEK bei Neugeborenen mit Konjunktivitis gefunden worden waren (EVERETT et al. 1999a). Bei Rindern berichteten MC NUTT & WALLER (1940) über sporadisch auftretende Encephalomyelitis-Fälle, bei denen WENNER et al. (1953) *C. psittaci* als ursächlichen Erreger nachweisen konnten. Im Jahr 1950 berichteten STAMP et al. in Schottland über den Chlamydienabort des Schafes. Aufgrund ihres von lebenden Zellen abhängigen Vermehrungszyklus wurden die Chlamydien zunächst für „große Viren“ gehalten, worauf der bis heute verwendete Begriff „Virusabort des Schafes“ hinweist. Chlamydien sind obligat intrazelluläre Bakterien, die jedoch aufgrund ihrer Abhängigkeit vom Energiestoffwechsel eukaryontischer Zellen eine Sonderstellung einnehmen. Die Zuordnung zu den Bakterien erfolgte aufgrund des Vorkommens von Desoxyribonukleinsäure (DNA) und Ribonukleinsäure (RNA), ihrer Empfindlichkeit gegenüber Antibiotika wie Tetrazyklinen, des Aufbaus ihrer Zellwand, die der 23 gramnegativen Bakterien am nächsten kommt, und aufgrund ihrer Vermehrung durch einfache Zellteilung.

2.1 Morphologie und Lebenszyklus

Chlamydien sind unbewegliche, gramnegative Bakterien, die sich obligat-intrazellulär vermehren. In einem einzigartigen Vermehrungszyklus werden zwei verschiedene morphologische Formen dieser Mikroorganismen unterschieden: zum Einen die kleineren, kokkoiden Elementarkörperchen (EK, Durchmesser: 200-400 nm), zum Anderen die größeren, pleomorphen Retikularkörperchen (RK, Durchmesser: 600-1500 nm). Die Elementarkörperchen sind stoffwechselinaktiv und können durch ihre hohe Tenazität außerhalb eukaryotischer Zellen überleben (ROLLE & MAYR 2002). Sie sind bei -20°C ein Jahr, bei Raumtemperatur (22°C) einen Monat, bei 37°C zwei Tage und bei 56°C fünf Minuten lebensfähig; auf Federn und in Kotstaub bleibt *C. psittaci* allerdings wochenlang infektiös (PAGE 1991, STORZ & KRAUSS 1985).

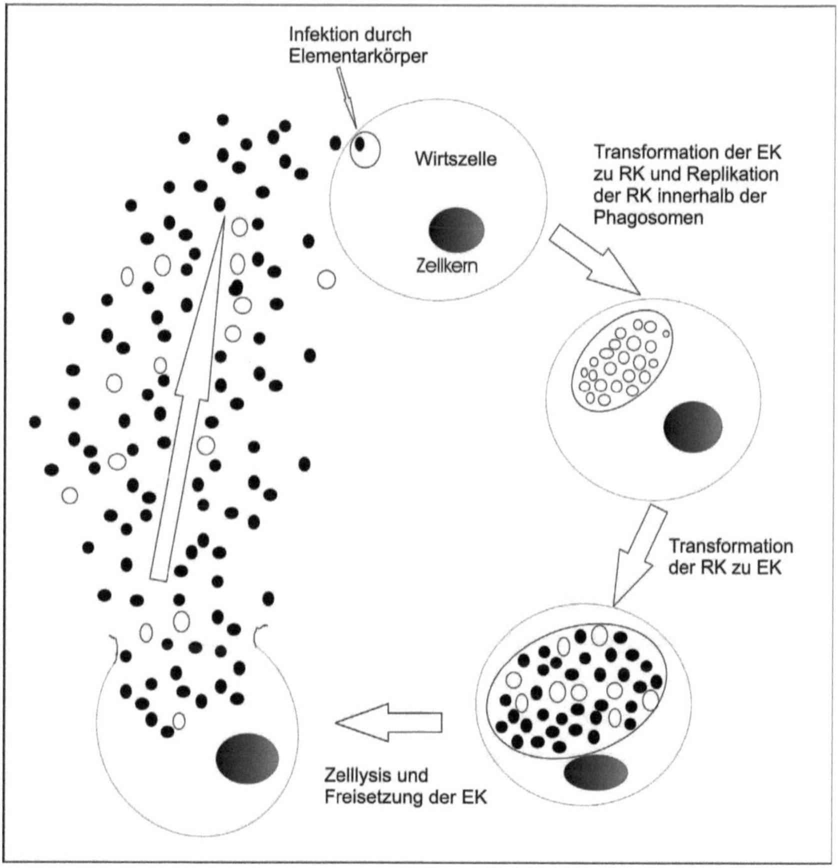

Abbildung 1: Lebenszyklus der Chlamydien, mit Transformation der Elementarkörperchen (EK) zu Retikularkörperchen (RK) (modifiziert nach EVERETT 2000)

Eine erfolgreiche Desinfektion erfolgt innerhalb weniger Minuten mit Lipidlösungsmitteln, quaternären Ammoniumverbindungen, Benzalkoniumchlorid, alkoholischer Jodlösung, 70% Ethanol oder 0,1% Formalin. Weniger wirksam sind proteindenaturierende Chemikalien wie Säuren und Basen (GRIMES & WYRICH 1991).

Die Elementarkörperchen stellen die infektiöse Form des Erregers dar. Der initiale Kontakt der EK mit der Wirtszelle erfolgt durch elektrostatische Bindung mit

Heparansulfat-ähnlichen Glycosaminoglycanen auf der Oberfläche der EK (DAUTRY-VARSAT et al. 2005, RASMUSSEN-LAHTROP et al. 2000). Auf der Oberfläche der EK finden sich 18-kDa Proteine, mit deren Hilfe die EK durch Endozytose in die Wirtszellen (BAGHIAN & SCHNORR 1992) gelangen.
In membrangebundenen Phagosomen verhindern die Elementarkörperchen deren Fusion mit Lysosomen zu Phagolysosomen und entwickeln sich zu metabolisch aktiven, nicht infektiösen RK. Aus der Wirtszelle beziehen die Chlamydien Adenosintriphosphat und andere energiereiche Nucleotide, was zu der Bezeichnung „Energieparasiten" geführt hat. Die Vermehrung der Retikularkörper erfolgt durch Zweiteilung, worauf sich nach mehreren Teilungszyklen die Differenzierung zu Elementarkörpern anschließt (ROLLE & MAYR 2002). Die Freisetzung der Elementarkörper erfolgt durch Zelllysis oder durch Exozytose permanent infizierter Zellen (SCHIEFER & KRAUSS 1982). Der in Abbildung 1 schematisch dargestellte Lebenszyklus nimmt je nach Chlamydienspezies zwei bis drei Tage in Anspruch. Chlamydien der Familie *Simkaniaceae* mit einer Zyklusdauer von bis zu zwei Wochen sind dabei die Ausnahme (EVERETT 2000).

Chlamydien sind in der Lage auf intrazelluläre Umweltveränderungen mit einer veränderten morphologischen Form, dem Persistenzstadium, zu reagieren. Als Persistenz wird die Langzeitbeziehung zwischen Chlamydien und Wirtszellen bezeichnet, in dr Chlamydien lebend, aber nicht kultivierbar, vorliegen (BEATTY et al. 1994). Merkmale der Persistenz sind die veränderte Morphologie, der Verlust der Infektiosität, die Reversibilität und die veränderte Antigenausstattung.
GÖLLNER et al. (2006) konnten zeigen, dass eine Down-Regulation bestimmter Gentranskripte mit der Ausbildung und Aufrechterhaltung des persistenten Zustandes einhergeht, was nach Meinung der Autoren dafür spricht, dass der Persistenzzustand eine Art Überdauerungszustand der Chlamydien darstellt, zwar ohne Zellteilung, jedoch mit metabolischer Aktivität. Das Persistenzphänomen der Chlamydien wird mit der Entstehung chronischer Erkrankungen assoziiert (BEATTY et al. 1994).

2.2 Taxonomie

In der bis 1999 angewandten Nomenklatur enthielt die Ordnung *Chlamydiales* eine Familie und diese eine Gattung mit vier Spezies (HERRING 1993):

Ordnung:	*Chlamydiales*
Familie:	*Chlamydiaceae*
Gattung:	*Chlamydia*
Spezies:	*Chlamydia trachomatis*
	Chlamydia psittaci
	Chlamydia pecorum
	Chlamydia pneumoniae

Isolate von *C. pecorum* wurden bis 1992 der Spezies *C. psittaci* zugeordnet und als der vor allem für Rind und Schaf pathogene Serotyp 2 klassifiziert. FUKUSHI & HIRAI (1992) konnten durch DNA-Hybridisierungsuntersuchungen eine Homologie unter 20% nachweisen, was zur Etablierung einer neuen Spezies führte. Innerhalb der verbleibenden Spezies *C. psittaci* wurde jedoch immer noch eine sehr heterogene Gruppe von Erregern mit 12 Serovaren und verschiedenen Biovaren zusammengefasst. Unter den Isolaten von *C. psittaci*-Stämmen aus verschiedenen Wirtstieren konnten Verwandtschaftsgrade zwischen 30% und 93% ermittelt werden (STORZ & KALTENBOECK 1993). Dementsprechend wurde die Taxonomie nach einer phylogenetischen Analyse der 16S und 23S ribosomalen Ribonukleinsäure (rRNA)-Gene neu gestaltet (EVERETT et al. 1999a). In nachfolgenden Arbeiten wurde gezeigt, dass auch die Analyse der Genorte verschiedener Membranproteine, wie beispielsweise dem outer membrane proteinA (OmpA) und outer membran proteinB (OmpB), die neue Klassifizierung untermauert (EVERETT et al. 1999a).
Die Ordnung *Chlamydiales* enthält jetzt neben der ursprünglichen Familie *Chlamydiaceae* drei weitere Familien (*Parachlamydiaceae, Simkaniaceae, Waddliaceae*) (EVERETT 2000). In diesen werden unter anderem die so genannten „chlamydia-like“ Organismen oder „Umweltchlamydien“ eingeordnet; Vertreter der Familie *Parachlamydiaceae* infizieren vor allem Amöben, konnten aber auch aus humanen Nasentupfern und zahnmedizinischen Geräten isoliert werden (EVERETT 2000). *Simkania negevensis*, die bisher einzige Art der Familie *Simkaniaceae*, wird mit Pneumonie beim Menschen in Verbindung gebracht (EVERETT 2000). Innerhalb

der Familie *Chlamydiaceae* werden jetzt zwei Gattungen, *Chlamydia* und *Chlamydophila,* und neun Spezies unterschieden. Wie in Tabelle 1 zu sehen ist, gingen drei der fünf neuen Spezies aus *C. psittaci*, zwei aus *C. trachomatis* hervor. Die für Rinder klinisch relevanten Serovare von *C. psittaci* wurden alle der Gattung *Chlamydophila* zugeordnet. Das genitalpathogene *C. psittaci*-Serovar 1 wurde umbenannt in *Cp. abortus*. Das frühere Serovar 2 (*C. pecorum*) trägt nun den Namen *Cp. pecorum* (EVERETT et al. 1999a).

Tabelle 1: Bisherige und neue taxonomische Einteilung der Familie Chlamydiaceae (SACHSE & GROßMANN 2002)

Alte Spezies	Neue Spezies	Wirtsspezifität
Chlamydia trachomatis	*Chlamydia trachomatis*	Mensch
	Chlamydia muridarum	Maus, Hamster
	Chlamydia suis	Schwein
Chlamydia psittaci	*Chlamydophila psittaci*	Vögel, Wiederkäuer, Pferd, Mensch
	Chlamydophila abortus	Wiederkäuer, Schwein, Vögel
	Chlamydophila caviae	Meerschweinchen
	Chlamydophila felis	Hauskatze
Chlamydia pecorum	*Chlamydophila pecorum*	Wiederkäuer, Schwein, Koala
Chlamydia pneumoniae	*Chlamydophila pneumoniae*	Mensch, Koala, Pferd, Amphibien

Durch Anwendung neuerer molekularbiologischer Nachweismethoden finden sich bei Wiederkäuern eine Reihe verschiedener Chlamydienspezies ohne erkennbare Wirtsspezifität. Eine genauere Typisierung der aus Wiederkäuern isolierten, nach alter Taxonomie als *C. psittaci* bezeichneten Bakterien, erfolgte mittels PCR im Bereich zwischen den 16S- und 23S-rRNA-Genen und anschließender Charakterisierung durch Restriktionsfragment-Längenpolymorphismus (RFLP) PCR. Nach dieser, von EVERETT & ANDERSEN (1999) vorgeschlagenen Methode fanden sich unter 14 von Rindern stammenden Chlamydienstämmen, sechsmal die Spezies *Cp. psittaci*, fünfmal *Cp. abortus*, zweimal *Cp. pecorum* und einmal *Cp. felis*. Auch bei 54 Proben von Schafen fanden sich diese vier Spezies, wobei *Cp. abortus* mit 47 Isolaten (87%) am häufigsten vertreten war. Die von Ziegen stammenden Chlamydien zeigten sich einheitlich als *Cp. abortus* (TYCZKA & JÄGER 2002). Aus Gründen der Übersichtlichkeit wird in den folgenden Abschnitten dieser Arbeit die allgemeine Bezeichnung „Chlamydien" verwendet, ist jedoch eine eindeutige Zuordnung zur Gattung *Chlamydophila* beschrieben, so wird diese auch verwendet.

2.3 Chlamydiose bei Rindern

Chlamydien lösen beim Rind eine Vielzahl verschiedener Erkrankungen aus, die einzeln oder auch zusammen auftreten können. Dabei stehen Infektionen durch *Chlamydophila abortus, Chlamydophila pecorum* und *Chlamydophila psittaci* im Vordergrund (EVERETT 2000, DEGRAVES et al. 2004).
Vor allem *Chlamydophila abortus* wird mit Fertilitätsstörungen bei Milchkühen in Verbindung gebracht und kann bei Aborten und Endometritiden nachgewiesen werden (WITTENBRINK & BISPING 1987). *Chlamydophila pecorum* verursacht neben Encephalomyelitiden, Polyarthritiden, Pneumonien und Enteritiden auch Konjunktivitiden, Mastitiden und Aborte (ROLLE & MAYR 2002). Von *Chlamydophila psittaci* sind acht Serovare bekannt, welche hauptsächlich aus Vögeln isoliert wurden. Die Serovare A und B bis D sind dabei als Erreger der Psittakose bzw. Ornithose wegen ihres Zoonosecharakters von besonderer Bedeutung. Beim Rind finden sich zwei Fallberichte über den Nachweis von *Chlamydophila psittaci*, Serovar B, im Falle von Aborten (COX et al. 1998; POSPISCHIL et al. 2002). Der 1986 aus Lunge, Leber und anderen Geweben eines abortierten Rinderfetus isolierte Chlamydienstamm WSU 86-1044 wurde der Familie *Waddliaceae* zugeordnet und trägt als deren einziger Vertreter den Namen *Waddlia chondrophila* (RURANGIRWA et al. 1999).
Untersuchungen von Feldproben zeigen, dass neben klinisch manifesten Infektionen auch häufig symptomlose Chlamydieninfektionen in Rinderbeständen anzutreffen sind. Durch kulturelle Untersuchung des Genitaltraktes weiblicher Schlachtrinder konnten bei zehn von 60 Tieren (16,7%) Chlamydien isoliert werden (WITTENBRINK et al. 1988). Auch bei Bullen wurden latente Infektionen des Genitaltraktes beobachtet (JASKOWSKI & SADOWSKI 1980). WITTENBRINK et al. (1993) konnten durch Erregeranzüchtung aus 190 Rinderkotproben bei 22,1% der Tiere inapparente Darminfektionen nachweisen. Diese Tiere stellen eine ständige Infektionsquelle dar,

da sie über Monate bis Jahre Chlamydien mit dem Kot ausscheiden. Die fäkal-orale Übertragung wird deshalb als ein sehr wichtiger Infektionsweg von Chlamydien angesehen (GERBERMANN 1991, WITTENBRINK et al. 1988). Grundsätzlich ist beim Rind die fäkal-orale, aerogene und genitale Übertragung von Chlamydien beschrieben (HORSCH 1980). Da Chlamydien im Nebenhoden sowie in der Präputialschleimhaut von Bullen vorkommen und der Erreger aus Sperma von Besamungsbullen isoliert werden konnte, erscheint eine venerische Übertragung nicht ausgeschlossen (PEREZ-MARTINEZ & STORZ 1985b, TAENKUM et al. 2007, WITTENBRINK et al. 1988). Allerdings werden Kälber nicht mit Chlamydieninfektion geboren, sondern infizieren sich wahrscheinlich erst bei der Geburt oder während der ersten Lebenswochen (JEE et al. 2004).

Oft sind die Krankheitssignale bei Infektionen mit *Chlamydophila* spp. subtil und gehen nicht mit apparenten Krankheiten einher. Es herrschen latente Infektionen und zelluläre Abwehrvorgänge vor, die zu einer Infektionsimmunität führen können. Die ist nach HORSCH (1980) in dem sehr engen Wirt-Parasit-Verhältnis begründet, welches durch den Pantropismus und den intrazellulären Reproduktionszyklus seitens des Erregers bestimmt wird.

Trotzdem ist nach KALTENBOECK et al. (2005) der Gesundheitszustand einer gesamten Milchviehherde schwerwiegender betroffen als einzelne klinische Krankheitsbilder erkennen lassen. Ähnlich beschreiben auch JEE et al. (2004) die Infektion bei Milchvieh als eine Krankheit, die schwer erkennbar bei einem Einzeltier ist, aber den Gesundheits- und Fruchtbarkeitsstatus der gesamten Herde beeinflusst.

Die bei der Milchkuh vorkommenden *Chlamydophila* spp. sind weder wirtsspezifisch noch organspezifisch (EVERETT 2000, DEGRAVES et al. 2004). Dieses erschwert sowohl die Interpretation der Befunde für Milchkühe als auch die epidemiologische Einschätzung. Vorliegende Untersuchungen zum potentiell zoonotischen Charakter von Chlamydiosen beim Rind sind teilweise alt und/oder basieren auf rein serologischen Daten (SACHSE et al. 2004).

2.3.1 Atemwegserkrankungen

Erkrankungen des Respirationstrakts in Folge von Chlamydieninfektionen beim Kalb sind bereits seit den sechziger Jahren des zwanzigsten Jahrhunderts bekannt, wurden aber vergleichsweise wenig untersucht.

Respiratorische Erkrankungen stellen in der Aufzucht junger Kälber und auch bei jungen Schweinen ein ernstzunehmendes Problem dar (JÄGER et al. 2007, REINHOLD et al 2005 und 2008). Gesundheitliche Auswirkungen subklinischer chlamydialer Infektionen im Respirationstrakt junger Tiere, die zum Kümmern und zu mangelhafter Entwicklung führen, können verheerende Einflüsse auf den Viehbestand und enorme ökonomische Verluste in der Jungtieraufzucht haben (KALTENBOECK et al. 2005).

Das sporadische Auftreten monokausaler respiratorischer Erkrankungen ist eher selten, vielmehr wird der broncho-pneumonische Erkrankungskomplex bei Kälbern und Schweinen durch multifaktorielle Ursachen dominiert. Die Vielfältigkeit dieses Erkrankungskomplexes ergibt sich aus den verschiedensten Faktoren, die am Krankheitsbild in unterschiedlichen Kombinationen beteiligt sind. Zu den beeinflussenden Faktoren zählen (a) die direkte Umgebung der Tiere und die entsprechenden Haltungsbedingungen (abiotische Faktoren), (b) prädisponierende Faktoren seitens der Tiere (speziesspezifische Besonderheiten in der Struktur und Funktion der bovinen und porcinen Lunge) und (c) verschiedenste virale und bakterielle Erreger.

Im internationalen Schrifttum gibt es Angaben über *Chlamydiaceae,* die für respiratorische Erkrankungen bei Haustieren verantwortlich sind (STORZ & KALTENBOECK 1993, ROGERS et al. 1996). Verschiedene unspezifische klinische Anzeichen respiratorischer Chlamydieninfektionen bei unterschiedlichen Spezies sind unter der Allgemeindiagnose „Pneumonie" dokumentiert. Klinische Anzeichen für eine Chlamydienpneumonie beim Kalb sind Fieber, Depression, Nasenausfluss (mukös, serös, mukopurulent), trockener Husten und Dyspnoe sowie die Bildung von Lungenläsionen, die in der Praxis oft erst bei der Schlachtung erkannt werden (STORZ & KALTENBOECK 1993). Jedoch müssen diese klinischen Anzeichen bei einer Infektion mit Chlamydien nicht vorliegen (JÄGER et al. 2007, REINHOLD et al. 2008). Signifikant höhere Körpertemperaturen und ein signifikant niedrigeres Körpergewicht konnten bei Chlamydien-positiven Kälbern gemessen werden (JÄGER et al. 2007, REINHOLD et al. 2008).

Die Angaben zur Beteiligung von Chlamydien bei respiratorischen Erkrankungen des Rindes und Schweins basieren meist auf serologischen Untersuchungen und sind deshalb wenig aussagekräftig, um die Pathogenese einer pulmonalen

Chlamydieninfektion einzuschätzen. Oft wird jedoch postuliert, dass Chlamydien – wenn überhaupt – nur milde Pneumonien verursachen, die ggf. durch andere pathogene Erreger kompliziert werden. Chlamydien wird – in Analogie zu den respiratorischen Viren – zum Teil eine Wegbereiterfunktion für folgende bakterielle Sekundärinfektionen zugeschrieben (STORZ et al. 1971a, STORZ & KALTENBOECK 1993). Dies muss aber nicht immer der Fall sein, auch sind in Untersuchungen keine bemerkenswerten sekundären Infektionen gefunden worden (REINHOLD et al. 2008).

Dementsprechend können klinische Anzeichen wie Fieber und Nasenausfluss bei einer Chlamydieninfektion vorliegen oder auch nicht. Ebenso können sekundäre Infektionen durch Chlamydien begünstigt werden, was aber nicht sein muss. So stellt sich die Infektion mit Chlamydien im Respirationstrakt bzw. Infektionen mit Chlamydien, die zu Erkrankungen des Respirationstrakts führen, nicht eindeutig dar (JEE et al. 2004, TWOMEY et al. 2006).

2.3.2 Genitalinfektionen

Infektionen des Genitaltrakts kommen sowohl bei weiblichen als auch bei männlichen Rindern vor. Chlamydien konnten aus bovinen Aborten (BOREL et al. 2006), fetalen Membranen (GRIFFITHS et al. 1995), Vaginalausfluss (WITTENBRINK et al. 1993), Zervixtupfern (WEHREND et al. 2005) und Vaginaltupfern (DEGRAVES et al. 2003a) isoliert werden.

Bei Bullen konnten Chlamydien im Sperma und im Nebenhoden nachgewiesen werden (PEREZ-MARTINEZ & STORZ 1985b, STORZ et al. 1968). Hinsichtlich der Spermaqualität sind unterschiedliche Ergebnisse aus der Literatur bekannt. Während STORZ et al. (1968) eine deutlich schlechtere Spermaqualität positiver Bullen mit geringerer Konzentration motiler Spermien und überdurchschnittlich vielen primären und sekundären Abnormalitäten beschreiben, stellen KAUFFOLD et al. (2007) keine Differenz zwischen Spermavolumen, Motilität, Dichte und Anzahl morphologischer veränderter Spermien von negativen und positiven Bullen fest.

Das klinische Erscheinungsbild der Bullen kann mit anderen Krankheitsbildern wie Polyarthritis oder Konjunktivitis einhergehen oder auch asymptomatisch sein. Bei Bullen mit asymptomatischer Erscheinungsform ist die Menge der nachgewiesenen Chlamydien-DNA meist geringer (TAENKUM et al. 2007).

Chlamydien können sowohl mit dem Deckakt durch Frischsperma übertragen werden als auch über die künstliche Besamung, denn die Kryokonservierung des Spermas schadet ihnen nicht (DOMEIKA et al. 1994, GIVENS & MARLEY 2008, PEREZ-MARTINEZ & STORZ 1985b). Bereits in den 60er Jahren konnte die damalige Spezies *Chlamydia psittaci* aus Samen von Bullen, die an einer Epididymitis und Vesiculitis litten, isoliert werden (STORZ et al. 1968). Auch *Chlamydophila abortus* wurde im Samen von Bullen gefunden (PAPP et al. 1994, TAENKUM et al. 2007). Neben der verminderten Spermaqualität, die zu schlechteren Trächtigkeitsraten führen kann, können auch direkt Fertilitätsstörungen durch die mit dem Sperma ausgeschiedenen Erreger ausgelöst werden. Chlamydien können zwar die Zona pellucida nicht durchdringen, aber durch die direkte Infektion der Uterusschleimhaut kann es zu einem frühen Embryonaltod infolge einer Endometritis kommen (GERBERMANN 1991).

Durch Chlamydien bedingte Aborte können sowohl sporadisch als auch gehäuft auftreten (AHLERS & GRUNERT 1997, WEHREND et al. 2000), wobei es sich in den meisten Fällen um Spätverkalbungen (6.-9. Trächtigkeitsmonat) handelt (STORZ et al. 1968). Die Inkubationszeit beträgt 33-126 Tage (WEHREND et al. 2000).

Die klinische Manifestation der Chlamydiose ist abhängig vom Infektionszeitpunkt während der Trächtigkeit. Bei Infektionen zu Beginn einer Trächtigkeit kommt es zu Geburten lebensschwacher Kälber. Findet die Infektion jedoch im zweiten Drittel der Trächtigkeit statt, wird meistens ein Abort ausgelöst. Späte Infektionen können aber auch nur eine Plazentitis ohne nachfolgenden Abort hervorrufen (STORZ et al. 1971b).

Sowohl *Chlamydophila psittaci* als auch *Chlamydophila abortus* konnten bei Kühen mit Aborten isoliert werden (BOREL et al. 2006, CAVIRANI et al. 2001, GRIFFITHS et al. 1995, HOLLIMAN et al. 1994). Zusätzlich konnte auch *Chlamydophila pecorum* in Vaginal- und Zervix-Proben, die mittels Tupfer genommen wurden, nachgewiesen werden (PETIT et al. 2008).

Experimentell konnten Infektionen des Genitaltrakts mit *Chlamydophila abortus* (DEGRAVES et al. 2004) und mit *Chlamydia psittaci* (WITTENBRINK et al. 1993) ausgelöst werden. Des Weiteren weisen Kühe mit Fruchtbarkeitsstörungen fast immer auch Antikörper gegen Chlamydien auf (WEHREND et al. 2000).

Durch serologische Untersuchungen sind Mischinfektionen mit anderen Erregern wie Bovines Herpesvirus Typ 1 (BHV1), Bovine Virusdiarrhoe/Mucosal Disease

(BVD/MD-Virus), *Coxiella burnettii, Listeria monocytogenes, Leptospira* spp. oder *Brucella* spp. festgestellt worden, was die Bewertung von Chlamydien als kausalem Agens bei Fruchtbarkeitsstörungen erschwert. Eindeutig zeigte sich der kausale Zusammenhang bei Betrieben mit vermehrten Aborten, Frühgeburten und Totgeburten (WEHREND et al. 2000 und 2005).

2.3.3 Erkrankungen des Euters

Auch Erkrankungen des Euters können durch Chlamydien entstehen (KALTENBOECK et al. 1997a, WEHNERT et al. 1980). So konnten bei Wiederkäuern experimentell Mastitiden mit Hilfe *von Chlamydia abortus* (KOUL et al. 1988, PAPADOPOULOS & LEONTIDES 1972) und auch mit Hilfe von *Chlamydia psittaci* (KOUL et al. 1988, RØNSHOLD & BASSE 1981) ausgelöst werden. Keine eindeutigen Aussagen können über *Chlamydia* spp. als Auslöser für Mastitiden getroffen werden. *Chlamydia abortus* wurde sowohl bei Kühen mit Mastitis (WEHNERT et al. 1980, KALTENBOECK et al. 1992 und 1997a) als auch bei eutergesunden Kühen nachgewiesen (JEE et al. 2004). Bei Kühen mit eindeutigen Mastitisanzeichen (verändertes Sekret, Fieber, geschwollene und verhärtete Viertel, sinkende Milchleistung und Futteraufnahme) konnten in Studien keine Mastitiserreger nachgewiesen werden (RØNSHOLD & BASSE 1981, WEHNERT et al. 1980). In anderen Studien jedoch konnte aus Chlamydien-positiven Milchproben *Streptococcus agalacticae* nachgewiesen werden (KOUL et al. 1988, PEREZ-MARTINEZ & STORZ 1985a). Die Anzeichen der Erkrankung, bei denen Chlamydien festgestellt wurden, sind jedoch in allen Fällen gleich beschrieben. Das klinische Bild wird mit gelb-bräunlich verändertem Sekret mit dicken Eiterflocken beschrieben. Das Allgemeinbefinden ist gestört, erhöhte Körpertemperatur kann nachgewiesen werden. Die Futteraufnahme und die Milchleistung sinken. Außerdem wird erwähnt, dass letztere nicht mehr den Stand vor der Erkrankung erreicht (KOUL et al. 1988, PEREZ-MARTINEZ & STORZ 1985a, WEHNERT 1980). Auch ein Anstieg der somatischen Zellzahl kann durch eine Infektion mit Chlamydien hervorgerufen werden (BIESENKAMP-UHE et al. 2007).

2.3.4 Erkrankungen der Gelenke und des Bewegungsapparates

Das Auftreten von Gelenkserkrankungen, fast immer in Form von Polyarthritis, kann durch Chlamydien verursacht werden (PEREZ-MARTINEZ & STORZ 1985a, SCHMEER 1988). Dafür ist nach SCHMEER et al. (1987) vor allem *C. pecorum* verantwortlich.

Vor allem Kälber und Lämmer sind betroffen (SHEWEN 1980), aber auch erwachsene Tiere (KALTENBOECK et al. 1992). Bei Lämmern ist die Morbidität innerhalb einer Herde sehr hoch (80%), aber die Mortalität liegt unter einem Prozent (CUTLIP et al. 1972). Die Krankheit wird beschrieben mit Fieber, Steifheit der Gelenke und Sehnen, Lahmheit, Anorexie und auch Auftreten von Konjunktivitis. Ebenfalls konnten vergrößerte und geschwollene Gelenke beobachtet werden (SHEWEN 1980). Bei Kälbern ist hingegen die Mortalität sehr hoch (STORZ 1964). Sie werden schwach geboren und haben oft Fieber und eine leichte Diarrhöe. Die Gelenke sind durch einen Volumenanstieg der Synovia vergrößert und reagieren sehr schmerzempfindlich während des Abtastens (EUGSTER & STORZ 1971, PEREZ-MARTINEZ & STORZ 1985a). Die Kälber bewegen sich oft steif und unsicher, auch verkürzte Sehnen sind zu beobachten. Der Tod erfolgt meist in zwei bis zehn Tagen nach Auftreten der Anzeichen (EUGSTER & STORZ 1971, STORZ et a. 1966, STORZ et al. 1971a).

2.4 Übertragungs- und Infektionswege sowie prädisponierende Faktoren für Chlamydiosen

Cp. psittaci ist weltweit verbreitet. Das Wirtsspektrum umfasst neben Papageien ca. 130 weitere Vogelarten, den Menschen (LONGBOTTOM & COULTER 2003), Haus- und Wildsäugetiere (THOMA et al. 1997), Beuteltiere sowie Mollusken und Athropoden (STORZ & KRAUSS 1985). Ein wichtiges Erregerreservoir stellt der Darmtrakt von Vögeln und Säugetieren dar (STORZ et al. 1971a, WITTENBRINK et al. 1988). Der Erreger kann über Kot, Genitalsekrete, infizierte Nachgeburten, Harn, Sperma, Nasal- und Konjunktivalsekrete ausgeschieden werden (PEREZ-MARTINEZ & STORZ 1985b, WITTENBRINK et al. 1993). Die häufigsten Infektionsquellen für den Menschen stellen Psittakosen, Tauben und Schafe dar, die den Erreger über Jahre kontinuierlich oder intermittierend mit Kot oder Körperflüssigkeiten ausscheiden können. Aber auch andere Vogelarten, besonders Nutzgeflügel, sowie

Rinder und Katzen kommen als Überträger in Frage. Die infektiösen Elementarkörperchen überstehen eine Austrocknung und werden dann meist mit dem Staub eingeatmet.

Als ein wesentlicher Infektionsweg gilt die fäkal-orale Übertragung (GERBERMANN 1991, SCHACHTER et al. 1975, WITTENBRINK et al. 1988), dazu zählen auch Schmierinfektionen, die durch Ausscheidungen infizierter Tiere erfolgen können. Prädisponiert sind vor allem Personen- und Berufsgruppen, die engen Kontakt mit diesen Tieren haben wie z.B. Schlachthofpersonal, Tierärzte und in der Landwirtschaft tätige Personen.
Auch die venerische Übertragung durch den Deckakt oder die künstliche Besamung (PAPP & SHEWEN 1996, RODALKIS et al. 1998, WITTENBRINK et al. 1988), bei der die Bullen die Chlamydien mit dem Samen ausscheiden (DOMEIKA et al. 1994, STORZ et al. 1976, TRAVINICEK et al. 1980) gilt als ein wesentlicher Infektionsweg.
Die Größe der Herde und der Kontakt von Tier zu Tier nehmen ebenfalls Einfluss auf die Transmissionsfrequenz, so ist die Übertragungsrate in großen Herden und in Gruppenhaltung mit vielen Tieren höher (HORSCH 1980, JEE et al. 2004).

Des Weiteren sind Übertragungen durch die Luft (aerogen) (HORSCH 1980, MECKLINGER et al. 1980) und auch die Milch (galaktogen) beschrieben (HORSCH 1980). Chlamydienantikörper sind in Milch nachgewiesen worden (STING & MANDEL 1995, THOMAS et al. 1990), jedoch konnten Chlamydien aus Schafmilch bisher nicht in der Zellkultur (vgl. Kapitel 2.6) angezüchtet werden (JONES & ANDERSON 1989, THOMAS et al. 1990). Bestätigt werden diese Ergebnisse durch die Studie von JEE et al. (2004), die in einem Versuch mit 51 weiblichen Kälbern die Übertragung von Chlamydien mittels Milch ausschließen konnten, aber ebenfalls eine Übertragung von Antikörpern nachweisen konnten. Damit widerlegen JEE et al. (2004) die Aussage von HORSCH (1980), der den galaktogenen Weg über die Milch als Übertragungsweg beschrieb.
Während der Geburt kann es zu einer Übertragung zwischen Mutter und Jungtier kommen, indem das Jungtier mit den Geburtssekreten oder der Plazenta durch die Augen in Kontakt kommt, dies wird als konjunktivale Übertragung beschrieben (HORSCH 1980, LONGBOTTOM & COULTER 2003).

Verschiedene haltungshygienische Bedingungen werden als begünstigend für die Ausbreitung von Chlamydien beschrieben. Dazu zählen Mängel im Stallklima, Staubansammlungen und günstige Bedingungen für Aerosolbildung (HORSCH 1980). Auch überbelegte Buchten bzw. Ställe wirken sich positiv auf die Übertragung aus (HORSCH 1980, JEE et al. 2004), ebenso wie die Ansammlung von Exkrementen und ausgetrocknete Kot- und Urinreste (HORSCH 1980, SCHWERG 1981).

Das Zuführen von Tieren aus vielen verschiedenen Beständen (HORSCH 1980, SCHWERG 1981) und fehlende Separierungsmöglichkeiten kranker Tiere (HORSCH 1980) begünstigen ebenfalls die Ausbreitung für *Chlamydophila* spp. Keine ausreichende energetische und hygienische Versorgung in der Serviceperiode stellt sich auch als prädisponierender Faktor für den Erreger dar (HORSCH 1980, SCHWERG 1981), ebenso wie hohe Leistungsanforderungen und immunsuppressive Einflüsse (SCHWERG 1981).

Pathogenese

Der Beginn der Infektion hängt im Wesentlichen von der aufgenommenen Erregermenge ab, ferner von der Virulenz und der Wirtsspezifität des Erregerstammes (ROLLE & MAYR 2002). Des Weiteren können die oben beschriebenen Faktoren den Ausbruch der Krankheit begünstigen. Die Darstellung der Pathogenese von Chlamydien ist in Abbildung 2 dargestellt, beginnend bei der Aufnahme des Erregers durch die Individuen.

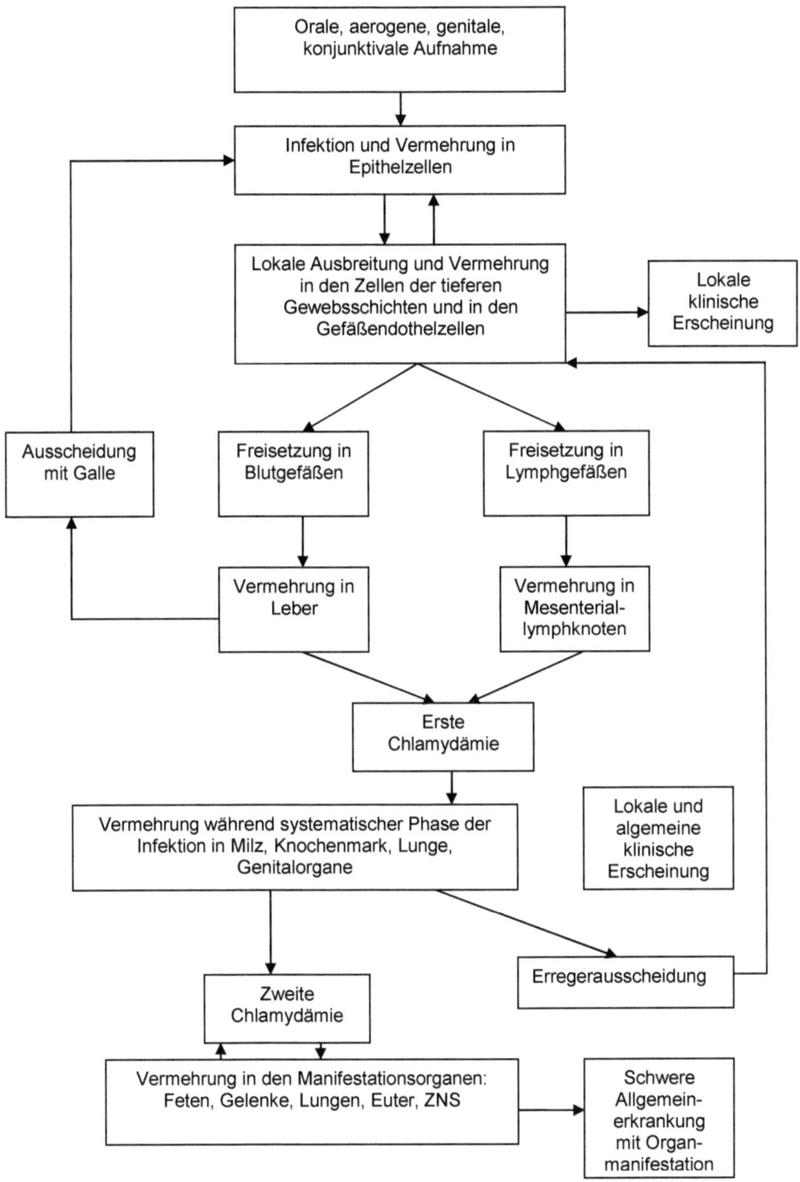

Abbildung 2: **Pathogenese der Chlamydiose beim Rind (modifiziert nach EUGSTER & STORZ 1971, STORZ et al. 1971a, HORSCH 1980)**

2.5 Bekannte Häufigkeiten für Chlamydiosen beim Rind

Wie bereits in den vorherigen Kapiteln beschrieben, werden Chlamydien mit einer Reihe von verschiedenartigen Infektionen in Verbindung gebracht und zählen somit zu den weit verbreitesten und erfolgreichsten Infektionserregern unter den Bakterien (ANDERSEN 1997).

Tabelle 1 zeigt einen Überblick über verschiedene Studien, welche die Häufigkeit und das Vorkommen von *Chlamydophila* spp. bei Milchvieh erfasst haben, jedoch sind unterschiedliche Untersuchungsmethoden angewendet worden, um den Erreger nachzuweisen. Diese Methoden sind im anschließenden Kapitel 2.6 beschrieben. Des Weiteren erfolgte der Nachweis des Erregers aus unterschiedlichem Probenmaterial. Einige der Tiere und Herden aus den Studien wurden nicht zufällig ausgesucht, sondern aufgrund von verschiedenen Krankheitsbildern vorselektiert. Die Zahl der untersuchten Betriebe schwankt ebenso wie die der Tiere. Gleichwohl gibt die Tabelle einen Überblick über die Häufigkeit des Vorkommens von *Chlamydophila* spp. weltweit.

Tabelle 2: Überblick über Untersuchungen zur Verbreitung von Chlamydien

Autoren	Methodik	Probenmaterial	Vorselektion	Grund für Vorselektion	Untersuchte Bestände (% positiv)	Untersuchte Tiere (% positiv)	Land/Region
Abd-El Rahim (2002)	ELISA	Serum	Nein	-	20 (90)	240 (19,6)	Nordost-Deutschland
Cavirani et al. (2001)	ELISA	Serum	Ja	Abort		671 (45)	Norditalien
Godin et al. (2008)	ELISA	Blut	Ja	Fruchtbarkeits-störungen	70 (81)	525 (28)	Schweden
Jee et al. (2004)	Real-time PCR	Vaginaltupfer, Blut- und Milchproben	Ja	Versuchs-Tiergruppe	1	40 (20)	Alabama (USA)
Niemczuk (2005)	ELISA	Serum	Ja	hochtragende Kühe	57	200 (51,5)	Polen
Norton et al. (1989)	KBR	Aborte	Ja	Aborte	7	1004 (3,8)	Australien
Petit et al. (2008)	RFLP PCR	Genital- und Zervixtupfer	Nein	-	196	644 (9,2)	Österreich
Sting (1997)	ELISA	Genitaltupfer	Ja	Fruchtbarkeits-Störungen	123 (81)	617 (33)	Baden-Württemberg
Vlahović et al. (2001)[1]	ELISA	Serum	Nein	-	10	267 (38,9)	Kroatien
Wang et al. (2001)	ELISA	Serum	Ja und Kontrollgruppe	Abort	72 (100)	735 (71)	Thailand
Wehrendt et al. (2005)	ELISA	Blut	Ja	Fruchtbarkeits-störungen	34	445 (41,5)	Hessen
Wittenbrink et al. (1993)	ELISA	Vaginaltupfer	Ja	Fruchtbarkeits-störungen	59 (54)	119 (37)	Niedersachsen, Schleswig-Holstein

[1] Zeitraum 1992-1999

2.6 Nachweisverfahren für *Chlamydophila* spp.

Aufgrund der sehr heterogenen klinischen Manifestation und der unspezifischen Symptome bei Chlamydiosen ist für die ätiologische Abklärung eine gezielte Labordiagnose notwendig (GERBERMANN 1991). Als Goldstandard in der veterinärmedizinischen Chlamydiendiagnostik gilt die Anzüchtung der Keime in geeigneten Zellkulturen oder im embryonierten Hühnerei (STORZ & KRAUSS 1985). Die sehr zeit- und arbeitsintensiven Methoden bieten den Vorteil, die isolierten Erreger einer detaillierten Charakterisierung unterziehen zu können. Auch heute gilt diese Methode noch als Goldstandard, da sich allein über diese Methode lebensfähige Keime nachweisen lassen. Aviäre, ovine und auch humane Chlamydienisolate lassen sich in der Routinediagnostik in Zelllinien wie Buffallo Green Monkey Cells (BGM), McCoy bzw. HeLa problemlos vermehren. Dagegen sind aus Rindern und Schweinen isolierte Stämme teilweise nur schwer in Zellkulturen zu vermehren (SACHSE & GROßMANN 2002).

WITTENBRINK et al. (1993) ermittelten bei der Isolierung von Chlamydien aus Rinderkot für die Zellkultur eine vergleichsweise geringe Sensitivität (31,6%) gegenüber der Bruteitechnik. Für die direkte Erregeridentifizierung von Chlamydien in Organ- und Sekretausstrichen, Zellkulturen oder histologischen Schnitten können die Färbungen nach STAMP, GIEMSA oder GIMINEZ angewendet werden, auch eine Quantifizierung mittels Durchflußzytometrie ist möglich (GRÜN et al. 2009).

Vorteil dieser Methoden ist der geringe Zeitaufwand und die einfache Durchführung, sie sind jedoch wenig sensitiv, da für den mikroskopischen Nachweis der Einschlusskörperchen eine hohe Erregerdichte (ca. 3×10^6 Chlamydien/ml) notwendig ist (WITTENBRINK & BISPING 1987).

Durch die Anwendung direkter Immunfluoreszenz kann die Sensitivität des mikroskopischen Chlamydiennachweises erheblich gesteigert werden. Zu beachten ist hier die Auswahl geeigneter monoklonaler Antikörper bzw. Antiseren, um eine ausreichende Spezifität zu gewährleisten (SACHSE & GROßMANN 2002). Mit ELISA-Testsystemen zum Nachweis von Chlamydienantigenen stehen Methoden zur Verfügung, mit denen auch bereits inaktivierte, aus unsachgemäß gelagertem oder transportiertem Probenmaterial stammende Chlamydien sehr schnell und einfach nachgewiesen werden können (SOURIAU & RODOLAKIS 1986). Kommerzielle Antigen-ELISA-Kits weisen meist das Lipopolysaccharid (LPS)-Antigen nach, welches nach der neuen Nomenklatur für die Gattungen *Chlamydia* und *Chlamydophila* spezifisch ist (GERBERMANN 1991). Problematisch erscheint die gegenüber Zellkultur, PCR und Immunfluoreszenzmethoden geringe Sensitivität dieser Tests. Zudem zeigte sich speziell bei Proben von Rind und Schwein eine große Anzahl falsch positiver Testergebnisse, die durch Kreuzreaktionen mit LPS-Epitopen anderer gramnegativer Bakterien entstanden (PETER et al. 1987). Mit der Einführung nukleinsäure-basierter Nachweismethoden konnten anfangs vor allem die Differenzierungsmöglichkeiten in der Chlamydiendiagnostik wesentlich verbessert werden. Dabei wurden zunächst Gensonden auf der Grundlage der DNA-Hybridisierung verwendet (COX et al. 1998). Darauf folgte die Einführung von auf Nucleinsäure-Amplifikation beruhenden Methoden wie die der PCR und der Ligase-Kettenreaktion (LCR) (LAFFLER et al. 1993, POLLARD et al. 1989).

Die PCR ist ein Verfahren zur in *vitro* Amplifikation von spezifischen DNA-Fragmenten. Ein Reaktionszyklus gliedert sich in Denaturierungsphase des DNA-Doppelstrangs, in Einzelstränge bei 95°C, in die Annealingphase mit der Bindung von Oligonukleotid-Primern bei spezifischen Temperaturen (55°C – 62°C) in Abhängigkeit der Primersequenz und in die Extensionsphase (72°C), in der die einsträngige DNA unter Nukleosidtriphosphate-(dNTP)-Verbrauch und Primerverlängerung durch eine Taq-Polymerase zu Doppelsträngen komplementiert wird. Durch Wiederholung des Reaktionszyklus entsteht eine exponentielle Amplifikation des DNA Fragmentes, das Amplifikationsprodukt.

Als routinemäßige PCR-Technik in der Diagnostik kommt heute vor allem die nested PCR in der Omp1 (outer-membrane-protein 1) -Genregion der Chlamydien zum Einsatz. Mit dieser Methode ist die Absenkung der Nachweisgrenze bis auf eine Einschluss-bildende Einheit (EBE) in der Zellkultur gelungen (KALTENBOECK et al. 1997b). Die Amplifikation einer Zielsequenz im Bereich zwischen den 16S- und 23S-rRNA Genen und deren anschließende Charakterisierung durch eine RFLP-PCR ist weniger sensitiv, erlaubt aber eine exakte Differenzierung kultivierter Chlamydienstämme nach der neuen Taxonomie (EVERETT & ANDERSEN 1999).

Zur Quantifizierung von Chlamydien wird besonders das Verfahren der real-time PCR genutzt (vgl. Kapitel 2.6.1).

Für den indirekten Erregernachweis über spezifische Antikörper gegen Chlamydien können verschiedene serologische Techniken wie die passive Hämagglutination, der indirekte Immunofluoreszenztest, die Komplement-Bindungsreaktion (KBR) oder der

ELISA angewendet werden. Routinemäßig wurde beim Rind lange Zeit die KBR genutzt, mit der hauptsächlich komplementbindende Immunglobuline G1 (IgG1) Antikörper nachzuweisen sind. Diese werden für kurze Zeit nach manifesten Erkrankungen bzw. Aborten gebildet. Für subklinische und chronische Infektionen ist dagegen die Dominanz der nicht-komplementbindenden Immunglobuline G2 (IgG2) charakteristisch. Die KBR ist daher dem Antikörper-ELISA, welcher beide Antikörper-Klassen erfasst, hinsichtlich ihrer Sensitivität und Spezifität deutlich unterlegen (SCHMEER 1988). Die meisten ELISA-Testkits wie auch die KBR verwenden das für die Gattungen *Chlamydia* und *Chlamydophila* spezifische Lipopolysaccharid als Antigen. Die dadurch entstehenden immunologischen Kreuzreaktionen zwischen den einzelnen Chlamydienspezies erschweren die Interpretation serologischer Befunde. Beim Rind wird die Serodiagnostik von genitalpathogenen *Chlamydophila abortus* vor allem durch latente Infektionen mit *Chlamydophila pecorum* kompliziert. Neuere serologische Verfahren arbeiten mit major outer membrane protein (MOMP), welches durch seine genus-, spezies- und serotyp-spezifischen B- und T-Zell-Epitope für die antigene Diversität der Chlamydien verantwortlich ist. Die Verwendung dieser aus Chlamydiensuspension oder rekombinanten MOMPs aufgereinigten Antigene ermöglicht spezies-spezifische Antikörpernachweise (HOELZLE et al. 2004). Grundsätzlich eignet sich beim Rind die Untersuchung von Einzelseren nicht für eine ätiologische Diagnose bei Chlamydienverdacht. Nur eine Serumpaar-Untersuchung mit entsprechendem Titeranstieg im Abstand von mindestens 14 Tagen oder ein ergänzender direkter Erregernachweis ermöglicht eine Aussage über die Beteiligung von Chlamydien am Krankheitsgeschehen (GERBERMANN 1991). Bei der Untersuchung von Fruchtbarkeitsstörungen auf Bestandsebene ist wegen des meist gleichzeitigen Vorkommens von Infektionen mit anderen Erregern zudem eine differenzierte bakteriologische und virologische Stufendiagnostik erforderlich (WEHREND et al. 2000).

Mit steigenden Anforderungen an Aussagekraft, Schnelligkeit und Durchsatz der Labordiagnostik stößt jedoch die klassische PCR auf ihre Grenzen. So zeigt das Auftreten spezifischer Banden im Agarosegel das Auftreten eines bestimmten Gens aus dem Organismus des Erregers an. Die real-time PCR ist hinsichtlich ihrer Spezifität und Sensitivität für eine quantitative Analyse sehr gut geeignet, jedoch kann mit ihr keine Unterscheidung zischen Spezies und Stämmen vorgenommen werden (SACHSE et al. 2009). Mit der Entwicklung einer DNA-Mikroarray basierten

Diagnostik kann hingegen die exakte Nukleotidsequenz der Zielregion verifiziert werden. Ein DNA-Mikroarraytest kann zuverlässig falsch- und echt positive Amplifikationsprodukte unterscheiden, da in der Hybridisierungsreaktion alle auf dem Array präsenten Sonden parallel mit der Proben-DNA, dem Template, in Wechselwirkung treten. Die dieser Technik zugrunde liegende, streng auf der Nukleotidsequenz basierende Identifizierung von Mikroorganismen ist der bedeutendste Vorteil gegenüber anderen Methoden (BOREL et al. 2008).

2.6.1 Quantifizierung von Chlamydien mittels real-time PCR

Eine quantitative Bestimmung der Chlamydien in Probenmaterial gelingt durch Anwendung von real-time PCR-Techniken wie beispielsweise der TaqMan®–PCR. Dabei wird die Entstehung der Amplifikate unter Verwendung von fluoreszenzmarkierten Gensonden verfolgt. An die Gensonde ist ein Reporterfarbstoff gebunden, dessen Fluoreszenz durch einen ebenfalls gebundenen Quencherfarbstoff unterdrückt wird. Nun wird die Gensonde von der Polymerase aufgrund der intrinsischen 5'-3' Nukleaseaktiviät des Enzyms zerstört. Es liegen jetzt einzelne Nukleotide mit großer räumlicher Trennung vor, welche nach Anregung fluoreszieren. Der Anstieg der Fluoreszenzintensität hängt von der Anfangskopienzahl der Zielsequenz ab (EVERETT et al. 1999b).

Die bei der real-time PCR eingesetzten Fluoreszenzfarbstoffe weisen eine gewisse Grundfluoreszenz auf; auch die verschiedenen verwendeten Materialien, wie z.B. die Reaktionsgefäße, besitzen bei Anregung eine Hintergrundfluoreszenz (FRONHOFFS et al. 2002). Der beim Start der Reaktion gemessene Fluoreszenzwert ist daher nicht gleich Null; im Falle einer negativen qualitativen real-time PCR verbleibt die gemessene Fluoreszenz unter dem Schwellenwert und verläuft in gerader Linie bis zum Ende (FRONHOFFS et al. 2002). Liegt eine positive Reaktion vor, kommt es zur Amplifikation des Produkts und damit zum Anstieg der Fluoreszenz im Laufe der Reaktion; bevor die Fluoreszenz ansteigt, verbleibt sie für eine gewisse Anzahl von Zyklen unverändert und verläuft als gerade Linie parallel zur Abszisse; dies wird als Basislinie bezeichnet (FRONHOFFS et al. 2002). Zwar kommt es auch in diesem Bereich der PCR zur Produktsynthese, jedoch sind die entstehenden Produktmengen so gering, dass es noch nicht zum Anstieg der Fluoreszenz kommt; durch Schwankungen der Fluoreszenz in der Probe kommt es im Bereich der Basislinie immer wieder zu leichten Schwankungen in der gemessenen Fluoreszenz

(FRONHOFFS et al. 2002). Nun muss ein Punkt definiert werden, ab dem eine gemessene Fluoreszenz einer Probe eindeutig von der Hintergrundfluoreszenz zu unterscheiden und als positiv zu bewerten ist; dazu wird ein Schwellenwert (Threshold) gesetzt, der eine Trennlinie zur Unterscheidung zwischen signifikanter Zunahme der Fluoreszenz und der Hintergrundfluoreszenz darstellt; dieser wird definiert als die Standardabweichung der Hintergrundfluoreszenz (FRONHOFFS et al. 2002). Er wird gemessen zwischen Zyklus drei und fünfzehn- multipliziert mit dem Faktor 10.

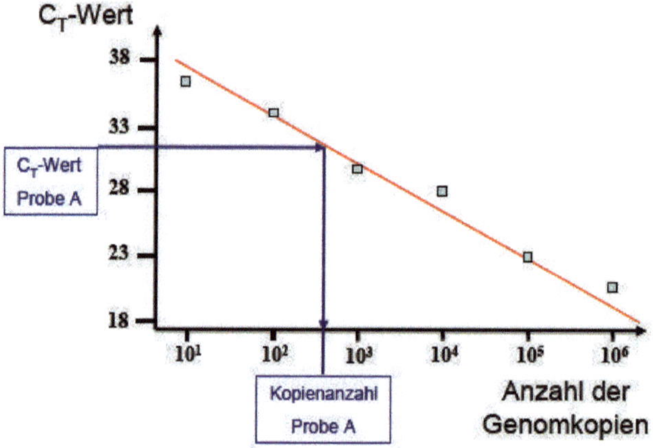

Abbildung 3: Berechnung der Anzahl der Genomkopien einer Probe mittels absoluter Quantifizierung; auf der Ordinate werden die Cycle-Treshold-(C_T-)-Werte aufgetragen, auf der Abszisse die der Genomkopien. Im Anschluss an die real-time PCR werden im Computer (Excel oder Ausarbeitungsprogramme) C_T-Werte und Anzahl der Genomkopien gegeneinander aufgetragen (Quadrate). Aus den Werten wird eine Standardkurve (Regressionsgerade) ermittelt, dargestellt als durchgezogene Gerade. Über den C_T-Wert der zu quantifizierenden Probe A wird über die Standardkurve ein Wert auf der Abszisse ermittelt. Dabei handelt es sich um die Anzahl der Genomkopien (gestrichelte Linien) (modifiziert nach FRONHOFFS et al. 2002).

Der Schnittpunkt zwischen der Fluoreszenz und dem Schwellenwert, projiziert auf der Abszisse, wird als Cycle-Threshold (C_T) bezeichnet und stellt den niedrigsten messbaren positiven Wert einer quantitativen real-time PCR dar (BUSTIN 2000). Der C_T-Wert gibt also eine Zyklenzahl an und steht in direkter Beziehung zur Ausgangsmenge der eingesetzten DNA. Wenn der C_T-Wert niedrig ist, ist die eingesetzte Menge an DNA hoch; ist jedoch der C_T-Wert hoch, dann ist die Ausgangsmenge der DNA gering, daher ist der C_T-Wert die Grundlage für die Quantifizierung der DNA (BUSTIN 2000). Es handelt sich hierbei um eine absolute Quantifizierung. Diese erlaubt eine präzise Bestimmung der Kopienzahl je Zelle. Dazu kann bei jedem Lauf eine Standardkurve erstellt werden, was aber nicht zwingend notwendig ist (BUSTIN 2000, FROHNHOFFS et al. 2002)

Zur Standardkurvenerstellung wird eine Verdünnungsreihe eines Standards mit bekannter Konzentration benötigt. Um eine Standardkurve (Regressionsgrade) zu erstellen, werden die ermittelten C_T-Werte der Standardverdünnung gegen ihre logarithmische Konzentration (z.B. Kopienzahl) aufgetragen. Die zu erwartende Menge der untersuchten Probe sollte in den durch den Standard abgedeckten Bereich fallen (FRONHOFFS et al., 2002). In Abbildung 3 ist verdeutlicht, wie sich die Anzahl der Gesamtkopien errechnet.
Das als Standard zu benutzende Amplikon kann entweder kloniert oder ein synthetisches Oligonukleotid sein. Als Standard dient, abhängig von der Fragestellung, DNA oder RNA. Linearisierte Plasmide mit einer kodierten Zielsequenz, die als rekombinante Standards bezeichnet werden (BUSTIN, 2000), können als Standard genutzt werden, ebenso wie genomische DNA oder PCR-Produkte. Unterschiede in der Nachweismenge zwischen genomischer DNA und PCR-Produkten sind nicht zu finden (ØVESTBØ et al. 2003).

Die Vorteile der Anwendung von PCR-Techniken in der Chlamydiendiagnostik liegen vor allem in der gegenüber den herkömmlichen Nachweisverfahren deutlich höheren Sensitivität und Spezifität sowie in der schnellen Ermittlung der Testergebnisse. An das Probenmaterial werden hinsichtlich Transport- und Lagerungsbedingungen weniger hohe Ansprüche gestellt, da jede Art von klinischem Material auch ohne vorherige Anzüchtung untersucht werden kann.

2.6.2 Spezifizierung mittels nested PCR

Die nested PCR beruht auf dem Prinzip zweier in einander verschachtelter Polymerase-Kettenreaktionen. Aus der Zielsequenz der ersten PCR wird in der zweiten PCR ein Teilstück der ersten PCR-Produkte amplifiziert. In der zweiten PCR wird durch ein zweites Primerpaar, das an Sequenzbereiche innerhalb dieser Matrize bindet (nested Primer), ein kürzeres DNA-Fragment amplifiziert.
Dadurch wird die Sensitivität der Methode erhöht, aber die Gefahr der Kontamination steigt, da eine zweite Polymerase-Kettenreaktion durchgeführt werden muss (SACHSE & HOTZEL 2003). In Abbildung 4 ist die schematische Darstellung der nested PCR zu sehen.

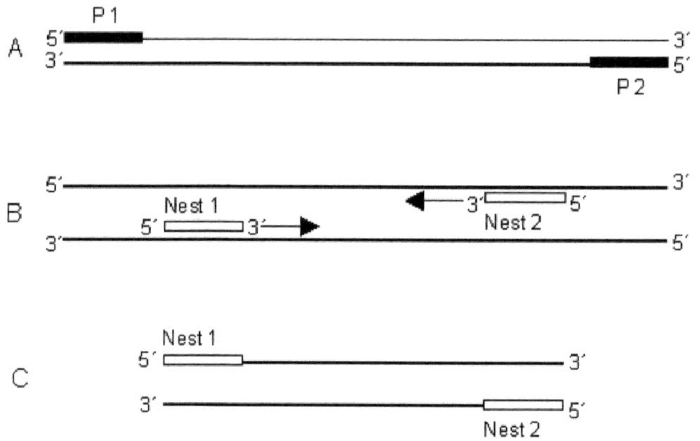

Abbildung 4: Schematische Darstellung der nested PCR; In Teil A ist das doppelsträngige Amplifikat aus der ersten PCR-Amplifikation zu sehen, welches als Matrize in die nested PCR eingesetzt wird. P1 und P2 stellen die komplementären Sequenzen der Primer 1 bzw. 2 aus der ersten Amplifikation dar. Im folgenden Abschnitt B sind die nach innen versetzten Primer Nest 1 und Nest 2 (relativ zu P1 und P2) zu sehen, mit denen eine zweite Amplifikation durchgeführt wird. Abschnitt C stellt die entstandene kürzere, hochspezifische, doppelsträngige Amplifikation dar (modifiziert. nach SACHSE & HOTZEL 2003).

Die erfolgreiche Amplifikation eines Produktes der nested PCR wird in der Elektrophorese, meist in einem 1-2%igem Agarose-Gel, kontrolliert.
Die Spezifizierung der Amplifikationsprodukte erfolgt nach SACHSE & HOTZEL (2003), danach ist das spezies-spezifische Amplikon für *Chlamydia trachomatis* 250 Basenpaare (bp), für *Chlamydia pneumoniae* 404 bp, *Chlamydophila pecorum* 426-441 bp und für *Chlamydophila psittaci/abortus* 389-404 bp groß.

Kapitel 3

Manuskript 1 (published in: Journal of Dairy Science 2009, 92: 4347- 4354)

Prevalence of and Risk factors for *Chlamydophila* Species on German Dairy Farms. *By Kemmerling et al.* In 61% of the dairy farms in the western part of Germany the presence of *Chlamydophila* spp. was detected by PCR. Using questionnaires and recordings, replacement of dairy cattle from outside sources, the use of breeding bulls, lacking calving pens, dirtiness of the beddings, of the walkway, of the cow, in particular of the vaginal area, were identified as risk factors for *Chlamydophila* spp.

***CHLAMYDOPHILA:* PCR-PREVALENCE AND RISK FACTORS**

Chlamydophila spp. in Dairy Farms: PCR-Prevalence, Disease Association, and Risk Factors Identified in a Cross-sectional Study in Western Germany

K. Kemmerling, U. Müller, M. Mielenz and H. Sauerwein

Institute of Animal Science, Physiology and Hygiene Group, University of Bonn, Germany
Katzenburgweg 7–9, D-53115 Bonn, Germany

Corresponding author:
U. Müller, Institute of Animal Science, Physiology and Hygiene Group, University of Bonn
Katzenburgweg 7–9, D-53115 Bonn, Germany
Phone: +49 228 735112,
Fax: +49 228 732617
Email: ute-mueller@uni-bonn.de

ABSTRACT

The prevalence of *Chlamydophila* spp. was determined in a cross-sectional study carried out in 2007 using 100 randomly selected dairy herds in the western part of Germany. Ten dairy cows per herd were sampled in herds with less than 100 cows; in bigger herds, 10% of the cows were sampled. For the detection of *Chlamydophila* spp., vaginal swabs from early lactating dairy cows were analyzed using an established highly sensitive genus-specific real-time PCR. In consideration of the discontinuous shedding of the pathogen, a herd was classified as positive if at least one animal per herd was tested positive for *Chlamydophila* spp. By use of these methods and definitions, 61% of the dairy herds and 13.5% of the cows were detected as PCR-positive for *Chlamydophila* spp. what is indicative for ongoing infections.

To compare herd health and herd performance between herds tested positive or negative and to identify risk factors for the presence of *Chlamydophila* spp., a questionnaire was designed to evaluate farm characteristics and management practices. In addition, the performance recordings of the state dairy recording organization were used for these purposes. In herds tested positive for *Chlamydophila* spp., milk yield, number of lactations as well as calving to first service interval were lower than in negative herds. For all these variables, there was no interaction between *Chlamydophila* status and lactation number. Replacement of animals from outside sources, use of breeding bulls, lack of separate calving pens, low scores for cleanliness of beddings, of walkways, and of the cows were identified as the main risk factors for *Chlamydophila* spp.

Keywords: *Chlamydophila* spp., dairy farm, prevalence, risk factor

INTRODUCTION

Bacteria belonging to the genus *Chlamydophila* are of considerable importance to both human and animal health. Besides *Chlamydophila psittaci* causing avian chlamydiosis which is the most important animal chlamydiosis transmissible to man, the species identified in ruminant livestock species (mainly *Cp.*

abortus and *Cp. pecorum*) are also of some zoonotic relevance (Longbottom and Coulter, 2003). Chlamydial infections in cattle cause a wide range of clinical conditions, such as pneumonia, polyarthritis, conjunctivitis, abortion, endometritis and impaired fertility (Wilson and Thompsen, 1968; Wittenbrink et al., 1988).

Several investigations report a high prevalence of antibodies against *Chlamydophila* spp. in cattle that is linked to increased prevalences of endometritis, fertility disorders and epizootic bovine abortion (Domeika et al., 1994; Wittenbrink et al., 1988; Cavirani et al., 2001; Wang et al., 2001; Wehrend et al., 2005). However, seroprevalence may not reflect the actual presence of the antigen in a given population. High seroprevalence, approaching 100%, and chlamydial genomic DNA prevalence as high as 50-60% has been associated with clinically inapparent bovine infection with *Chlamydophila* spp. (Domeika et al., 1994; Kaltenboeck et al., 1997a; Cavirani et al., 2001; Wang et al., 2001; DeGraves et al., 2003a; Jee et al., 2004). Most of the studies on the prevalence of *Chlamydophila* spp. infections in dairy cattle be it diagnosed via specific antibody titer tests or via assaying the specific nucleic acid by PCR, are limited to subpopulations that were pre-selected for an increased occurrence of disorders commonly linked to the infection. Thus our first aim was to evaluate the actual prevalence of *Chlamydophila* spp. in the entire dairy cow population of our region, i.e. in the western part of Germany (North Rhine-Westphalia) using a truly randomized cross section regardless of any health related pre-information. In addition, we focused our study to the detection of *Chlamydophila* spp. applying a highly sensitive quantitative real-time PCR protocol and thus recorded ongoing infections.

Chlamydophila spp. can be shed in feces, vulvar, ocular or nasal discharges, uterine fluids, placental membranes, urine or semen (Perez-Martinez and Storz, 1985b; Rodalkis et al., 1998; Longbottom and Coulter, 2003). Transmission routes can be fecal-oral, by inhalation of contaminated air (oronasal) and veneral (Schachter et al., 1975; Gerbermann, 1991; Papp and Shewen, 1996; Rodalkis et al., 1998; Longbottom and Coulter, 2003) and thus offer a wide range of possibilities for infection and dispersion for *Chlamydophila* spp. Our second aim was to compare herd performance and reproductive health between herds with or without positive *Chlamydophila* spp. testings. In consideration of the transmission routes, we thirdly aimed to identify risk factors.

MATERIALS AND METHODS

Study Design

In this cross-sectional study, 100 dairy farms were randomly selected in North-Rhine-Westphalia (NRW). In this state, 10% of Germany's total milk is produced in 6,557 dairy farms in total with altogether 315,855 dairy cows (Arbeitsgemeinschaft Deutscher Rinderzuechter, 2006) in NRW. To obtain a random sample of 100 dairy farms, the dairy cow stocking rate in the different administrative districts of NRW (n = 32) was taken into account. If, for example, 5% of the cows in total NRW are kept in one particular district, 5 randomly selected farms of this district would have been sampled with at least 10 cows per farm. The portion of the total cow population in the different districts ranged from 0.23% to 12.4%. In herds with less than 100 cows, 10 cows were sampled; in herds with more than 100 cows, 10% of the cows were sampled. The total number of cows tested in this study was 1074. In consideration of the discontinuous shedding of the pathogen (Jee et al., 2004, Reinhold et al., 2008) and of the fact that *C. abortus* and *C. pecorum* are endemic at low levels in cattle and infect virtually 100% of the animals (Kaltenboeck et al., 2005), a farm was classified as positive in our own study if at least one animal per farm was tested positive for an ongoing infection with *Chlamydophila* spp.

We aimed to sample preferably non-pregnant, early lactating dairy cows (< 100 days in milk, DIM) since the metabolic stress of early lactation may lead to immunosuppression and thus to an increased susceptibility for diseases (Goff and Horst, 1997). In case of insufficient numbers of cows with less than 100 DIM per farm, cows of later lactational stages were sampled. In average, cows were sampled at 72 DIM (1 to 289, SD = 55).

Collection of data

On the day of sample collection, each farmer was interviewed using a questionnaire about the following farm characteristics and aspects of management and the milk performance recording data from the last 12 months. In addition, the interviewing person visited the barns and milking parlors to get an overall impression of the general housing and management conditions and the animals.

1) Milk performance recording data of the 100 dairy herds sampled (provided for each individual cow by the state milk recording system (Landeskontrollverband, LKV, NRW) with 11 recordings per year): milk yield, milk ingredients (fat and protein content, SCC) and numbers of lactation. The twelve months rolling averages, the monthly herd performance and milk recording data were updated on a monthly basis.
2) Reproductive data (also provided by LKV NRW): services per conception, calving to first service interval, calving to conception interval and culling rate.
3) Calving data (data from management programs): preterm or late calving, dystocia, medical treatments post partum, twin births, abortion, perinatal death, retained placenta.
4) General housing and management conditions (questionnaire and observation data): barns, lying places, bedding, cleaning of various functional areas and of beddings, availability of separate calving pens, replacement heifers from outside or inside sources, artificial insemination and/or bull breeding.
5) Gross appearance of the dairy cows (observation data, acquired by the interviewer): feet and legs, general cleanliness, vaginal cleanliness, occurrence of lesions.

The median of the number of animals per herd was 78 (range: 34 to 346), and the average milk yield from all herds per year was 8,882 kg milk (7,326 kg to 11,373 kg, SD = 825 kg milk) with 4.24% fat (3.57% to 4.71%, SD = 0.23) and 3.33% protein (3.02% to 3.61%, SD = 0.12). All performance data are averages from entire herds and were summarized from the annual milk performance data recorded by the LKV.

Collection and Processing of Samples and Detection of Chlamydophila spp. by real-time PCR

Vaginal mucus was collected with a cotton swab (Salivette®, Sarstedt, Nümbrecht, Germany) from each cow sampled, kept at 4°C and processed the day after. Vaginal swabs were used since the detection rates of *Chlamydophila* ssp. are reportedly higher in this medium compared to other body fluids (Jee et al., 2004).

Swabs were prepared as described by Hotzel et al. (1996) with minor modifications, i.e. using 1.2 mL of the lysis buffer. The cotton swabs were centrifuged at 2,500 *g* for 30 s at 4°C. The liquid obtained was then centrifuged at 17,530 *g* for 15 min at 4°C and the pellet was redissolved in approximately the double volume of isopropanol and incubated over night. After a further short centrifugation, the tubes were drained, left standing headfirst for 2 min and then the pellet was dissolved in 20 µl ultra-pure H_2O and stored at -20°C.

A quantitative real-time PCR was performed for detecting *Chlamydophila* genomic 23S rRNA as described by Borel et al. (2008) in their comparison of different PCR tests with DNA microarray testing, except that we used 2 µL of the sample DNA template instead of 1 µL. In brief, 23 µL of a master reaction mix containing 12.5 µL of qPCR Master Mix (RT-QP2x-03NR), 4.5 µL of the forward primer Ch23S-F (5'CTG AAA CCA GTA GCT TAT AAG CGG T 3'), 4.5 µL reverse primer Ch23S-R (5'ACC TCG CCG TTT AAC TTA ACT CC 3'), 0.5 µL of ultra-pure H_2O, and 1 µL of the probe (tippelt, 5'FAM 3'TAMRA) Ch23S (5'FAM CG GCG TGC CTT TTG CAT GAT GAG 3'TAMRA) were added. All PCR materials were from Eurogentec, Brussels, Belgium; the cycler (Mx 3000P^{TM}) was from Stratagene, Amsterdam, Netherlands. Decadic dilution series from 10^4 to 10^{-1} copies of a mixture of *Chlamydophila psittaci* DC 14, *Chlamydophila pneumoniae* DC 40, *Chlamydophila pecorum* DC 47 and *Chlamydophila trachomatis* DC 10 standards (Federal Institute for Animal Health, Jena, Germany) were used as reference. Ultra-pure H_2O instead of sample DNA was used as negative control. Using Bayesian techniques to estimate the diagnostic performance, a sensitivity of 0.9 (median, with 95% credible intervals between 0.83 and 0.96) was defined for the real-time PCR used herein (Borel et al., 2008). The detection limit of this real-time PCR was determined to be 56 copies, equivalent to 0.05 fg DNA (Ehricht et al., 2006).

Identification of Chlamydophila spp.

In case of positive findings, the *Chlamydophila* species involved were specified in a nested PCR using the sample DNA. Variable domains III and IV of the *Chlamydophila ompA* gene were targeted using a modified version (primer CHOMP336s) (Sachse and Hotzel, 2003) of the nested PCR procedure originally described by Kaltenboeck et al. (1997b). In the first round 5 µL of DNA extract were amplified using the primer pair 191CHOMP/CHOMP371. Subsequently, 1 µL of the PCR product served as template in the second round which used primer pair 201CHOMP/TRACH269 (*C. trachomatis*), 201CHOMP/PNEUM268 (*Cp. pneumonia*), 204PECOR/CHOMP336s (*Cp. pecorum*), or 218PSITT/CHOMP336 (*Cp. psittaci/Cp. abortus*). All primers were from Eurogentec, Brussels, Belgium; DNA Polymerase (SupraTherm) and 10x reaction buffer were from GeneCraft, Köln Germany; dNTP mixture, gel loading buffer, and DNA size marker were from Fermentas, St. Leon-Roth, Germany. To discriminate between *Cp. abortus* and *Cp. psittaci,* a PCR according to Laroucau et al. (2001), as modified by Laroucau et al. (2007) was used. PCR materials were the same as in the nested PCR, except that the primers were from Sigma-Aldrich, Taufkirchen, Germany. All PCR amplifications were run with positive controls (*Chlamydophila psittaci* DC 14, *Chlamydophila pneumoniae* DC 40, *Chlamydophila pecorum* DC 47 and *Chlamydophila trachomatis* DC 10) and two negative controls (ultra-pure H_2O). The reaction products from the positive and the negative controls in the first round nested PCR were additionally subjected to the second nested PCR. All PCR products obtained were evaluated by electrophoresis.

Data Analysis

Data were analyzed using the statistical software package SPSS 15.0 (SPSS Inc., Chicago, IL, USA) to find differences between farms with positive and negative testing of *Chlamydophila* spp. Within the variables, performance data associated with the presence of *Chlamydophila* spp. in a herd were differentiated from risk factors being causally related to transmission or infection. All performance data as quantitative variables were analysed by Student-Fischer *t*-tests to identify potential relationships to the *Chlamydophila* spp. classification in a herd (considering the homogeneity of variance by using the Levene-Test). In addition, the average lactation number per herd (as lactation groups) was evaluated in a two-way ANOVA by taking *Chlamydophila* classification (CC) and the lactation groups (LaGr) as fixed effects (considering the homogeneity of variance by using the Levene-test, the normal distribution by Shapiro-Wilk-test) into account:

$y_{ij} = \mu + CC_i + LaGr_j + (CC \times LaGr)_{ij} + e_{ij}$

CC = *Chlamydophila* spp. classification (positive, negative)

LaGr = lactation group

i = 0,1 (0 = negative testing for *Chlamydophila* spp., 1 = positive testing for *Chlamydophila* spp.)

j = 1,2,3 (1 = LaGr < 2.0, 2 = LaGr 2.0 - 2.9, 3 = LaGr $\geq$ 3.0)

Homogeneity of variance and normal distribution were confirmed. Statistical significance was indicated by $P < 0.05$.

Categorical variables describing the conditions at the farms (calving data, general housing and management conditions, appearances of the cows), were compared by χ^2 tests to identify potential relations with the *Chlamydophila* spp. classification under automatic consideration of routines for cross tables with frequencies lower than 5% ($P < 0.05$).

For the identification of risk factors, odds ratios (OR) and/or risk ratios (RR) with their 95% corresponding confidence intervals (CI) were calculated. Presentation of the results is limited to those variables for which significant differences were detectable between positive and negative herds (by $P < 0.05$) and which had a lower limit of CI > 1.0.

RESULTS AND DISCUSSION

Prevalence

Chlamydophila spp. was detected in 61% of totally 100 randomly selected dairy farms in NRW, equivalent to 13.5% of the 1074 sampled cows. The PCR diagnosis used herein is limited to those animals and herds that undergo a current infection at the time of sampling. In contrast to serology, the overall presence or exposure towards *Chlamydophila* spp. on the farm can not be identified. Due to the discontinuous shedding of the pathogen (Jee et al., 2004; Reinhold et al., 2008), the actual prevalence of ongoing infections with *Chlamydophila* spp. might actually have been higher since some animals might have been classified as false negative. The quantitative real-time PCR used herein for *Chlamydophila* detection is 10 to 100 times more sensitive than the nested PCR (Helps et al., 2001). For this reason, species identification could successfully be done only in 95 cases out of 145 positive findings. The most prevalent species found was *Cp. psittaci* (55.8%), followed by *Cp. abortus* (35.8%). *Cp. pecorum* was observed in only 8.4% of these samples. Occurrence of *Cp. psittaci* in cattle has been reported previously, e.g. in Switzerland (Borel et al., 2006). The overall prevalence of *Chlamydophila* spp. we observed is slightly higher than previously reported for Austria (Petit et al., 2008). In this study, 644 animals from 196 farms in Austria were sampled via vaginal or cervical swabs and analyzed by PCR followed by restriction fragment length polymorphism (RFLP) analysis. Using this analysis, only *Cp. abortus* and *Cp. pecorum* are detectable. In the Austrian study, *Cp. abortus* was not found and a prevalence of 8.9% was observed for *Cp. pecorum*. These numbers are related to the animals and provide no information about the percentage of the herds in which positives were found. Due to the different analytical methods used, a direct comparison to our results is not possible. Nevertheless, the quoted Austrian study and our one are to our knowledge the only ones that used a true random sample and not pre-selected herds for PCR detection of *Chlamydophila* spp. In contrast, seroprevalences are reported for several countries using both pre-selected or randomly selected herds: in European herds pre-selected for their increased rate of fertility disorders or abortion rate, seroprevalences of 91% (Germany, 89 herds, Sting, 1997), 81% (Sweden, 70 herds, Godin et al., 2008), and 54% (Germany, 59 herds, Wittenbrink et al., 1988), respectively, are reported. In an Asian study (Taiwan), a 100% seroprevalence is documented (72 herds, Wang et al., 2001). Studies using randomly selected farms report 90% (20 herds, Germany, Abd El-Rahim, 2002) and 44.9% (196 herds, Austria, Petit et al., 2008) of the cows being seropositive. Taken together, the data available indicate that *Chlamydophila* spp. are highly prevalent in cattle and thus confirm earlier valuations (Shewen, 1980; Jee et al., 2004).

Chlamydophila PCR-status: herd performance and farm conditions

Data from Milk Recordings. The milk performance recordings of the herds classified as either positive or negative for *Chlamydophila* spp. are presented in Table 3. Milk yield, number of lactations, time intervals from calving to first service and from calving to conception were greater ($P < 0.05$) in herds classified as being free of *Chlamydophila* spp., whereas no differences were detectable for the other variables investigated. Considering that the differences observed might be related to lactation number rather than CC we performed supplementary statistics taking the effects of lactation number into account and thereby confirmed the effect of the CC on milk yield and calving to first service interval. For none of the variables tested, an interaction between CC and LaGr was identified. The observation of a reduced interval from calving to first service in herds with positive CC was unexpected since *Chlamydophila* infections are reportedly related to reduced fertility in dairy cows (Sting, 1997; DeGraves et al., 2003b; Wehrend et al., 2005). Possibly this divergence might be attributable to the relatively lower milk yield in positive herds. Cows with lower milk yield are often bred earlier than high yielding dairy cows; in addition, high yielding cows often have longer calving to conception intervals than cows with lower milk yields (Lee et al., 1997). Besides CC, lactation number was significant for the calving to first service interval. For the calving to conception interval for which no CC related differences were observed in the model considering lactation number, only the latter was significant. Again, this might be explained by the relatively higher milk yield of older cows with accordingly later breeding time.

Table 3: **Comparison of milk performance data in herds classified either as positive or as negative for the presence of *Chlamydophila* spp. in a study of 100 dairy herds randomly selected in 2007 in Western Germany**

Variable	Positive[1] herds (n = 61) Mean ± SD	Negative[1] herds (n = 39) Mean ± SD	*P*-Value[2] from the *t*-test	*P*-Value[2] from the *two-way-ANOVA* CC[2]	LaGr[2]	CC x LaGr
Herd size (animals per herd)	87 ± 43	79 ± 33	0.307			
Milk yield/year (kg)	8,681 ± 793	9,197 ± 786	0.002	0.012	0.126	not significant
Fat content (%)	4.24 ± 0.23	4.24 ± 0.09	0.967			
Protein content (%)	3.33 ± 0.14	3.34 ± 0.09	0.792			
Log SCC	5.32 ± 0.13	5.38 ± 0.17	0.48			
Number of lactations/farm	2.4 ± 0.46	2.9 ± 0.49	<0.001	-	-	-
Culling rate/year (%)	28.7 ± 4.9	26.1 ± 5.7	0.18			
Services per conception	1.9 ± 0.27	2.0 ± 0.30	0.30			
Calving to first service interval (d)	91 ± 12	100 ± 11	<0.001	0.021	<0.001	not significant
Calving to conception interval (d)	126 ± 17	136 ± 17	0.006	0.085	<0.001	not significant

[1]A farm was classified as positive if at least one animal per farm was tested positive for *Chlamydophila* spp.
[2]Significance, $P < 0.05$; the variables were first compared by Student-Fischer *t*-tests. In addition, to dissect potential autocorrelations, the average lactation number per herd was co-evaluated in a two-way ANOVA by taking the ***Chlamydophila* classification (CC)** and the lactation number into account. For the latter, **lactation groups (LaGr)** were formed: LaGr 1: average herd lactation number below 2.0 (n = 11 herds), LaGr 2: average herd lactation number between 2.0 and 2.9 (n = 64 herds), and LaGr 3: average herd lactation number above 3.0 (n = 25 herds).

Pregnancy outcome and calf mortality. The occurrence of abortion, of preterm calvings, the frequency of perinatal losses and health disturbances of dam and offspring are possibly related to *Chlamydophila* spp. Table 4 presents those variables for which a significant relationship with *Chlamydophila* status was observed. To calculate the RR of abortions, preterm calving and perinatal deaths, two frequency classes were formed in the following analyses: < 2% and ≥ 2%. The risk of being infected with *Chlamydophila* spp. for a dairy herd was 4.9-fold higher (CI: 2.3-10.2) if more than 2% abortions occurred, 3.3-fold higher (CI: 1.9-5.9) if more than 2% preterm calving and 3.0-fold higher (CI: 1.8-5.0) if more than 2% perinathal deaths occurred, respectively.

Table 4: **Associations between pregnancy outcomes and presence of *Chlamydophila* spp. in a study of 100 dairy herds randomly selected in 2007 in Western Germany**

Variable	Portion of positive herds $n_{postive}/n_{total}$ (%)	Level of significance (χ^2 test)
Abortions[1]		< 0.001
< 2%	6/34 (17.6)	
2 to 10%	21/26 (80.8)	
> 10%	17/18 (94.4)	
No information	17/22 (77.3)	
Preterm calving (< 270 d)		< 0.001
< 2%	7/33 (21.2)	
2 to 10%	16/24 (66.7)	
>10%	25/26 (96.2)	
No information	13/17 (76.5)	
Perinatal deaths[2]		< 0.001
< 2%	9/37 (24.3)	
2 to 10%	31/41 (75.6)	
> 10%	21/22 (95.5)	

[1]the time interval considered was from confirmation of pregnancy to the 27th wk of pregnancy. The frequency (% of cows in the herd) of abortion reports was classified.
[2]calves that were stillborn after the 27th wk of pregnancy or that died within 7 d after birth were considered.

It is known that *Chlamydophila* spp. may locally affect placental function and may thus lead to abortion or perinatal death (Buxton et al., 1990). Our data confirm this relationship showing increased rates of abortion, of preterm calvings and of perinatal losses of the calf in *Chlamydophila* positive herds. Perinatal death and stillbirth are common symptoms in lambs (Papp and Shewen, 1996; Longbottom and Coulter, 2003), but less is known in cattle. However, the observation of increased seroprevalences for *Chlamydophila* spp. in cows with an abortion history supports the notion that the infection leads to comparable syndromes in cattle albeit less drastic than in sheep. Wehrend et al. (2005) reported a 6.6-fold higher chance (OR) for abortion in *Chlamydophila* spp. seropositive cows. Cavirani et al. (2001) as well as Wang et al. (2001) also reported an increased frequency of abortions in *Chlamydophila* spp. infected cows.

Gross appearance of the cows, barn characteristics and management practises (risk factors)

Gross appearance of the cows and barn charcteristics. Table 5 shows those variables of cow and barn characteristics for which significant differences were established between *Chlamydophila* spp. positive and negative herds. The scoring system corresponds to the German six-level school grading system, with outstanding as the best and unsatisfactory as the lowest possible grade. For the locomotion traits, over 80% of the positive farms were classified in “average” and “below average”. This indicates that *Chlamydophila* infections may play a role in articular inflammation or damage. It is known that bovine chlamydioses can be associated with polyarthritis (Perez-Martinez and Storz, 1985b); in calves with chlamydiosis, enlarged joints that are painful on palpation are reported (Shewen, 1980). Cleanliness of the beddings, of the walkway, of the cow, and vaginal cleanliness were also significant for the presence of *Chlamydophila* spp. More than 80% of the positive farms failed to have outstanding and good scores in terms of the variables “cleanliness of the beddings”, “cleanliness of the cow” and “vaginal cleanliness”. For the other variables recorded (cleaning of the watering and the feeding place, milking cluster disinfection between individual cows) no relations to the *Chlamydophila* status were found. It should be noted that the result for cluster disinfection is not sufficiently substantiated since only five farms in total used it.

Table 5: **Associations of the cows gross appearance and the cleanliness of walkway and beddings with the presence of *Chlamydophila* spp. in a study of 100 dairy herds randomly selected in 2007 in Western Germany**

		Portion of positive herds grouped into the six-level classes for the different variables $n_{postive}/n_{total}$ (%)			
Variable	**Level of significance (χ^2 test)**	**Outstanding and Good**	**Average**	**Fair**	**Fail and Unsatisfactory**
Feet and legs	<0.001	6/20 (30.0)	24/44 (54.5)	26/30 (86.7)	5/6 (83.3)
Claws	0.002	10/30 (33.3)	25/37 (67.6)	24/30 (80.0)	2/3 (66.7)
Joints	<0.001	7/22 (31.8)	21/39 (53.8)	27/32 (84.4)	6/7 (85.7)
Cleanliness of the beddings	<0.001	12/34 (35.3)	24/40 (60.0)	22/22 (100)	3/4 (75.0)
Cleanliness of the walkway	0.001	25/47 (53.2)	14/30 (46.7)	20/20 (100)	2/3 (66.7)
Cleanliness of the cow	<0.001	11/26 (42.3)	22/44 (56.8)	23/24 (95.8)	5/6 (83.0)
Vaginal cleanliness	<0.001	12/29 (41.4)	21/41 (51.2)	21/23 (91.3)	7/7 (100)

Apparently, cleanliness factors play an important role for potential infections with *Chlamydophila* spp. Fecal shedding by carrier animals and inhalation or ingestion of fecal particles represents an important mode of transmission and perpetuation of chlamydioses. Moreover, *Chlamydophila* spp. can survive in dry feces for months (Perez-Martinez and Storz, 1985b). Therefore the exposure of cows to fecal constituents should be reduced as much as possible whatsoever the appropriate measures may be on a given dairy farm.

Table 6: Associations between management practices and presence of *Chlamydophila* spp. in a study of 100 dairy herds randomly selected in 2007 in Western Germany

Variable	Portion of positive herds $n_{postive}/n_{total}$ (%)	*P*-value[1]	Risk ratio	95% CI[2]
Replacement animals		< 0.001	2.344	1.428-3.849
From outside sources	44/56 (78.6)			
From inside sources	17/44 (38.6)			
Kind of insemination		0.005	2.557	1.240-5.276
Breeding bull	28/35 (80.0)			
Artifical insemination	33/65 (50.7)			
Separate calving pen		0.001		
Yes	46/85 (54.1)			
No	15/15 (100)			

[1]Significance (P<0.05) of χ^2 test
[2]95% CI = confidence interval of risk ratio

Management practices. Considering management practices that might eventually favor the development of *Chlamydophila* infections in a herd, the source of replacement animals (outside versus inside), the breeding mode (AI versus use of breeding bulls) and the calving situation (availability of separate calving pens) were indeed associated with the presence of *Chlamydophila* spp. (Table 6). The RR for the presence of *Chlamydophila* spp. in the herd was 2.3-fold higher if replacement of animals was done using external sources. Over 70% of all positive farms, but only 31% of the negative farms used outside sources for replacement. The conclusion that a herd free of *Chlamydophila* spp. can minimize the risk for infection when limiting replacement to inside sources is certainly true; nevertheless this may often not be accomplished by the farms. Therefore appropriate quarantine measures should be considered when external animals will enter the herd.

Chlamydophila spp. can be transmitted via semen to the female genital tract (Perez-Martinez and Storz, 1985b) in many species. In cattle, *Chlamydophila* spp. may occur in semen from clinically healthy bulls (Bicknell et al., 1986; Taenkum et al., 2007), and were also detected in semen from bulls with seminal vesiculitis (Storz et al., 1968). Cryopreservation will not kill *Chlamydophila* spp. (Storz et al., 1976) and cows inseminated with infected semen can develop symptoms of Chlamydiosis (Storz et al., 1976; Bowen et al., 1978; Appleyard et al., 1985; Rodalkis and Souriau, 1986; Amin et al., 1999). Epidemiologic studies in German bull studs indicate a prevalence (PCR method) of 11% when semen samples were tested (Kauffold et al., 2007). Given the use of infected males in AI or as breeding bulls, the risk for infecting the females will be limited in case of AI to those animals for which semen of a particular bull is used, whereas the use of a positive breeding bull will affect a higher portion of the entire herd. For our evaluation, we classified those farms that used both AI and natural mating as using breeding bulls. In 82% of the negative farms AI was used exclusively; for the positive farms, this portion was lower (52.5%). The calculated 2.5-fold higher risk (RR) for being classified as positive when using breeding bulls confirms the relationships explained above.

During parturition, large numbers of *Chlamydophila* spp. are shed with fluid discharges and placental membranes and thus form a main source of environmental contamination and transmission to other animals (Papp and Shewen, 1996; Longbottom and Coulter, 2003). From sheep it is known that the number of infections increases if healthy ewes are housed together with ewes that aborted (Blewett et al., 1982). The risk for infection is reduced with separate calving pens since the remaining cows will have fewer chances to get in contact with contaminated materials (Jee et al., 2004). Accordingly, our observation that all farms without separate calving pens were positive for *Chlamydophila* spp. was not surprising. In this case, RR could not be calculated due to the use of zero in the cross tabulation. If only one negative tested farm would have been observed without separate calving pen, the calculated RR for positive *Chlamydophila* spp. classification would be 9.6 (CI: 1.3-69.7). We extended our evaluation by further differentiating the kind of calving pens and found that herds with calving pens for individual animals were less likely to be positive for *Chlamydophila* spp. than those in which animal groups were confined in the calving pens. In 64% of the positive herds, group calving pens were used whereas only 33% of the negative farms used such pens.

CONCLUSIONS

According to our results, the most promising ways to minimize the risk for infection and reinfection with *Chlamydophila* spp., can thus be condensed to the awareness of those factors identified herein, i.e. replacement from external sources, use of breeding bulls, availability of individual calving pens, and keeping cow environment as clean as possible. Altogether the factors identified herein are in support of the general hygienic recommendations given to avoid not only chlamydioses but also other infections affecting reproductive health.

ACKNOWLEDGEMENTS

This study was supported by the North Rhine-Westphalian Ministry of Environment, Conservation, Agriculture and Consumers Protection (MUNLV) within the Inter-Departmental Center of Sustainable Agriculture (USL). We thank Dr. K. Sachse from the Federal Research Institute for Animal Health, Institute of Molecular Pathogenesis, Jena, Germany for imparting us the details of the PCR methodologies used and for providing the reference standards. We also thank F. Sakeh for his help with the PCRs concerning species identification. The participation of all farmers by providing the information requested is gratefully acknowledged.

Kapitel 4

Manuskript 2:

Einfluss von *Chlamydophila* spp. auf Milchleistungs-, Reproduktions- und Gesundheitsdaten zufällig ausgewählter Milchkühe in Westdeutschland und Erstellen einer Checkliste mit Hilfe logistischer Regressionsmodelle zur Klassifizierung von Milchviehbetrieben mit unbekannten *Chlamydophila*-Status

K. Kemmerling, U. Müller, M. Mielenz und H. Sauerwein

Institut für Tierwissenschaften, Abteilung Physiologie und Hygiene, Rheinische-Friedrichs-Wilhelm-Universitiät, Katzenburgweg 7–9, D-53115 Bonn, Germany

ZUSAMENFASSUNG

Der Einfluss von *Chlamydophila* spp. auf Milchleistungs-, Reproduktions- und Gesundheitsparameter wurde bei 1074 zufällig ausgesuchten Milchkühen aus 100 verschiedenen Milchviehbetrieben im Bundesland Nordrhein-Westfalen im Westen Deutschlands, die mittels einer hoch sensitiven, genus-spezifischen real-time PCR auf eine aktuelle Infektion mit *Chlamydophila* spp. untersucht wurden, erfasst.
Auf *Chlamydophila* spp. positiv getestete Kühe und Kühe aus positiv klassifizierten Herden hatten eine geringere Milchleistung, häufiger Aborte, verfrühte Kalbungen, erhöhte Kälbersterblichkeit, Nachgeburtsverhaltung, unsauberen Vaginalausfluss, eine erhöhte Anzahl an tierärztlichen Behandlungen nach der Kalbung und häufigere Behandlungen gegen Sterilität; zudem war ein geringerer Zellzahlwert und ein höherer Besamungsindex feststellbar.

In verschiedenen logistischen Regressionsmodellen wurden alle Parameter, die Risikofaktoren und Unterschiede zwischen *Chlamydophila* spp. positiv und negativ klassifizierten Herden darstellen, geprüft, um die Variablenkombination zu finden, mit deren Hilfe der *Chlamydophila*-Status eines Betriebes mit bisher unbekanntem *Chlamydophila*-Status am wahrscheinlichsten vorhergesagt werden kann. Diese Variablenkombination, eine sogenannte Checkliste, enthielt die

Variablen „Kälbersterblichkeit“, „Ort der Abkalbung“ und „ Art der Besamung“. Die Checkliste ist ein Ergebnis dieser Studie, um Betriebe mit unbekanntem *Chlamydophila*-Status zu klassifizieren.

EINLEITUNG

Die Familie der Chlamydiaceae unterteilt sich in zwei Gattungen, *Chlamydia* (*C*) und *Chlamydophila* (*Cp*). Sie leben obligat intrazellulär und befallen sowohl Mensch als auch Tier. Das Spektrum an klinischen Symptomen ist weit und umfasst unter anderem fieberhafte Erkrankungen, Pneumonien, Enteritis, Polyarthritis, Konjunktivitis und Fertilitätsstörungen (Scholes et al., 1996; Rolle und Mayr, 2002).

Für Wiederkäuer sind die Spezies *Cp. psittaci*, *Cp. abortus* und *Cp. pecorum* relevant. Infektionen mit *Chlamydophila* spp. können zu einer Vielzahl an verschiedenen Krankheitsbildern bei Milchvieh führen. Als bedeutende Krankheitsbilder gelten vor allem Aborte und Fertilitätsstörungen, sporadische Enzephalomyelitis, Pneumonien, Enteritis und Polyarthritis (McNutt und Waller, 1940; Storz et. al., 1968; Wilson und Thompsen, 1968; Bowen et al., 1978; Wittenbrink et al., 1988; Twomey et al., 2006).

Chlamydophila spp. kann über Kot, Genitalsekrete, infizierte Nachgeburten, Harn, Sperma, Nasal- und Konjunktivalsekrete ausgeschieden werden (Perez-Martinez und Storz, 1985a; Wittenbrink et al., 1993), dabei gilt die fäkal-orale Übertragung (Schachter et al., 1975; Wittenbrink et al., 1988; Gerbermann, 1991) ebenso wie die venerische Übertragung (Wittenbrink et al., 1988; Papp und Shewen, 1996; Rodalkis et al., 1998) als wesentlicher Infektionsweg.

Horsch (1980) und Schwerg (1981) stellten Ansammlungen von Exkrementen und ausgetrocknete Kot- und Urinreste als begünstigende Faktoren für die Ausbreitung des Erregers fest. Wir konnten ebenfalls feststellen, dass unsaubere und wenig gereinigte Liegeboxen und Laufgänge sich prädisponierend für *Chlamydophila* spp. erweisen (Kemmerling et al., 2009). Fehlende Separierung erkrankter Tiere (Horsch, 1980) und der Zukauf von Tieren anderer Herden zur Reproduktion (Horsch, 1980; Kemmerling et al., 2009) begünstigen die Ausbreitung des Erregers, ebenso wie die Nutzung eines Deckbullen anstelle der künstlichen

Besamung und das Fehlen eines separaten Abkalbebereichs (Kemmerling et al., 2009).

Gehäuftes Auftreten von Aborten und Fruchtbarkeitsstörungen sind als Gesundheitsstörungen *Chlamydophila* spp. seropositives Tiere (Cavirani et al., 2001; Wehrend et al., 2005) bekannt. Diese Tiere bzw. Betriebe wurden meist aufgrund von Fruchtbarkeitsstörungen oder anderer Krankheitskomplexe vorselektiert. (Cavirani et al., 2001; Wang et al., 2001; Wehrend et al., 2005).

Totgeburten und hohe Sterberaten von Kälbern werden in der Literatur beschrieben, jedoch liegen diesen Aussagen keine experimentellen Untersuchungen zu Grunde (Papp und Shewen, 1996; Longbottom und Coulter, 2003).

Die von uns bereits ermittelten Risikofaktoren und Anzeichen für Infektionen mit dem Erreger, wurden auf Herdenebene festgestellt (Kemmerling et al., 2009). Unser Ziel dieser Arbeit war es, Milchleistungs-, Reproduktions- und Gesundheitsdaten zufällig ausgesuchter Milchkühe auf Einzeltierebene mit positivem und negativem Ergebnis für *Chlamydophila* spp, welches mit Hilfe eines hoch sensitiven, qualitativen real-time PCR Protokolls ermittelt wurde (Borel et al., 2008), zu vergleichen und den Einfluss von *Chlamydophila* spp. auf diese Parameter zu ermitteln.

Übertragungswege und Faktoren, welche Infektionen mit *Chlamydophila* spp. begünstigen und Parameter, die Anzeichen für Infektionen darstellen, sind bekannt, jedoch sind keine Wege bekannt, um das Vorkommen von *Chlamydophila* spp. in einer Herde anhand dieser Parameter zu ermitteln. Aus diesem Grund war unser Ziel, anhand der von uns ermittelten Faktoren, welche die Ausbreitung von *Chlamydophila* spp. begünstigen, und Parametern, die Anzeichen für Infektionen mit dem Erreger darstellen können (Kemmerling et al., 2009), eine Checkliste zu erstellen, welche aus den ermittelten Parametern besteht. Diese Checkliste wird mit Hilfe verschiedener logistischer Modelle entwickelt und enthält am Ende diejenigen Parameter, welche sich aus statistischer Sicht am Besten eignen, um die höchste Wahrscheinlichkeit zu erhalten, eine Milchvieherde mit unbekanntem *Chlamydophila*-Status in *Chlamydophila* positiv oder *Chlamydophila* negativ zu klassifizieren, ohne dass die Tiere mit Hilfe von Labormethoden untersucht werden müssen.

MATERIAL UND METHODEN

Versuchsdesign

Das Versuchsdesign wurde bereits ausführlich beschrieben (Kemmerling et al., 2009). In Nordrhein-Westfalen (NRW) gehörten zum Zeitpunkt der Studie (2005) 315.855 Milchkühe aus 6.557 Betrieben (Stand 2005, Arbeitsgemeinschaft deutscher Rinderzüchter 2006) der Milchleistungsprüfung (MLP) an. Aus diesen Betrieben wurde eine Stichprobe von 1074 Kühen aus 100 zufällig ausgesuchten Betrieben untersucht. Die Probenentnahme der Vaginalflüssigkeit, die Aufbereitung dieser Proben, die Analyse mittels real-time PCR und die Spezifizierung der positiven Proben mit Hilfe der nested PCR und PCR ist von uns bereits beschrieben worden (Kemmerling et al., 2009).

Datenerhebung auf Einzeltierebene

Die Erhebung der Daten auf Einzeltierebene erfolgte am Tag der Probenentnahme mittels eines Fragebogens und umfasste folgende Daten:

1. Daten der Milchleistungsprüfung (Daten des Landeskontrollverbandes (LKV) NRW): Milchleistung, Milchinhaltsstoffe und Zellzahl der einzelnen Kühe der letzten Laktation, Anzahl an Laktationen;
2. Daten zur Kalbung: Kalbezeitpunkt, Kälbersterblichkeit;
3. Krankheits-/Behandlungsdaten: Aborte, Nachgeburtsverhaltung, Behandlungen unmittelbar nach der Kalbung, Sterilitätsbehandlungen;
4. Daten zur Reproduktionsleistung: Besamungen/Einzelkuh.

Im Mittel standen die 1074 untersuchten Kühe in der 2,6 Laktation mit einer durchschnittlichen Jahresleistung von 9054 kg Milch mit 4,24% Fett und 3,33% Eiweiß. Wie bei Kemmerling et al. (2009) beschrieben, wurden die zuletzt abgekalbten Tiere eines Betriebes untersucht, die somit in der Frühlaktation (< 100 Tage in Milch) standen. Die Beprobung der ausgewählten Tiere erfolgte im Mittel am 72. Laktationstag (± 55 Tage).

Datenerhebung Betriebsebene

Am Tag der Probenentnahme erfolgte die Aufnahme der Daten auf Betriebsebene. Der Fragebogen umfasste die beschriebenen Bereiche:

1. Daten der Milchleistungsprüfung
2. Reproduktionsdaten (Daten des LKV)
3. Daten zur Kalbung (Daten des LKV und der Managementprogramme)
4. Haltung, Fütterung, Umwelt (Frage- und Beobachtungsdaten)
5. Beobachtungen am Tier (Beobachtungsdaten)

Statistische Auswertung

Die Auswertung der erhobenen Daten erfolgte mit dem Statistikprogramm SPSS Version 17.0 (SPSS Inc., Chicago, IL, USA) und Microsoft Office Excel 2003 sowohl für die Einzeltierebene als auch für die Herdenebene. Im Folgenden wird die Vorgehensweise für die beiden unterschiedlichen Ebenen nacheinander beschrieben.

Einzeltierebene. Da *Chlamydophila* spp. diskontinuierlich ausgeschieden wird (Jee et al., 2004; Reinhold et al., 2008), tritt der Erreger endemisch auf niedrigem Niveau auf und infiziert nahezu 100% einer Herde (Barry et al., 1995; Kaltenboeck et al., 2005). Daher ist davon auszugehen, dass auch die negativ getesteten Kühe (I^-), die in Herden mit positiv getesteten Kühen (I^+) stehen, den Erreger in sich tragen. Aus diesem Grund sind die Kühe nicht nur nach positiven und negativen Ergebnissen, sondern in drei Gruppen unterteilt worden:

Gruppe 1: positiv getestete Milchkühe aus positiv klassifizierten Herden (H^+) = I^+H^+
Gruppe 2: negativ getestete Milchkühe aus positiven Herden = I^-H^+
Gruppe 3: negativ getestete Milchkühe aus negativen Herden = I^-H^-

Die Überprüfung der quantitativen Daten der Milchleistungsprüfung im Verhältnis zu den Analyseergebnissen der Einzeltiere (I^+H^+, I^-H^+, I^-H^-) erfolgte mit Hilfe der Varianzanalyse und für die Einzelvergleiche mit Hilfe des Student-Fischer *t*-Tests (nach Prüfung der Varianzhomogenität).

Zusätzlich ist das folgende zweifaktorielle lineare Model mit fixen Faktoren (*two-way ANOVA*) genutzt worden, um neben dem Einfluss der *Chlamydophila* Klassifizierung auch den Einfluss der Laktationsnummer je Kuh zu berücksichtigen. Tabelle 7 zeigt die Anzahl der Tiere je Laktationsgruppe unterschieden nach ihrer jeweiligen *Chlamydophila* Klassifizierungsgruppe I^+H^+, I^-H^+, I^-H^-.

$y_{ij} = \mu + CK_i + LaGr_j + (CK \times Nr\ Gr)_{ij} + \epsilon_{ij}$

CK = *Chlamydophila* spp. Klassifikation

LaGr = Laktationsgruppe

ϵ = Fehlerterm

i = 1, 2, 3 (1 = CK I^+H^+, 2 = I^-H^+, 3 = CK I^-H^-)

j = 1, 2, 3 (1 = LaGr eine Laktation; 2 = LaGr zwei bis drei Laktationen; 3 = LaGr vier und mehr Laktationen)

Tabelle 7: Verteilung der untersuchten Milchkühe auf Laktationsgruppen (j) in Abhängigkeit ihrer *Chlamydophila* Klassifizierung (CK)

Laktationsgruppe (j)	Laktationsnummer (n Gesamt)	I^+H^+ (n = 145)	I^-H^+ (n = 511)	I^-H^- (n = 418)
1	1 (307)	47	142	118
2	2 und 3 (528)	72	252	204
3	> 4 (239)	26	213	96

Eine Normalverteilung der Messwerte war nicht in allen Gruppen gegeben. Aufgrund des zentralen Grenzwertsatzes ist die interferenzstatistische Verwendung der Varianzanalyse nicht beeinträchtigt (Marasinghe et al., 1996), so dass die Varianzanalyse durchgeführt werden konnte.

Das Verhältnis zwischen *Chlamydophila* Spezies *Cp. abortus* (n = 34), *Cp. psittaci* (n = 53) *und Cp. pecorum* (n = 8) und den Daten der Milchleistungsprüfung ist ebenfalls mittels Varianzanalyse erfasst worden. Für 50 positiv getestete Proben konnte aufgrund der schlechteren Sensitivität der nested PCR im Vergleich zur real-time PCR keine Speziesbestimmung erfolgen (Kemmerling et al., 2009).

Der Student-Fischer *t*-Test wurde genutzt, um die Einzelvergleiche durchzuführen (nach Prüfung der Varianzhomogenität).

Um Unterschiede zwischen den quantitativen Variablen und den Analyseergebnissen der Einzeltiere (I^+H^+, I^-H^+, I^-H^-) zu ermitteln, wurde eine Varianzanalyse durchgeführt, wobei die Einzelvergleiche mittels des Student-Fischer *t*-Tests erfolgten.

Beziehungen zwischen den *Chlamydophila* Spezies (*Cp. abortus, Cp. psittaci, Cp. pecorum*) und den qualitativen Variablen wurden mit dem χ^2- Test überprüft.

Odds ratio (OR) und Risk ratio (RR) wurden mit einem 95% Konfidenzintervall (CI) berechnet, deren unteres CI und oberes CI > 1 lag. Dargestellt werden die OR und RR, die einen Unterschied ($P \leq 0,05$) zwischen den drei Gruppen hervorbringen.

Das Signifikanz-Niveau wurde mit $P \leq 0,05$ definiert. Bei Mehrfachvergleichen wurde eine Alpha-Korrektur nach Bonferroni angewendet.

Herdenebene. Alle von uns auf Herdenniveau ermittelten Faktoren, welche die Ausbreitung von *Chlamydophila* spp. begünstigen, und die Parameter, die signifikante ($P < 0,05$) Anzeichen für Infektionen mit dem Erreger darstellen können (Kemmerling et al., 2009), wurden als Variablen mit Hilfe der multivariablen Analyse in der logistischen Regression ausgewertet. Variablen mit einem Korrelationskoeffizient von $r \geq 0,8$, wie z.B. die Variablen „Rastzeit" und „Güstzeit", wurden nicht zugleich in einem Modell verwendet.

Die Qualität der Anpassung der verschiedenen Regressionsmodelle wurde mit der Likelihood-Funktion beurteilt. Die Abnahme dieses Wertes bedeutete eine Verbesserung, wobei die Differenz des Wertes als χ^2 Wert ausgewiesen war. Die Überprüfung, ob sich die Koeffizienten signifikant von Null unterschieden, erfolgte mit dem χ^2-verteilten Wald-Test. Dieser Hypothesentest testet die Signifikanz der unabhängigen Variablen in den verschiedenen Regressionsmodellen (Liao, 2004).

Die logistische Regression errechnete die Wahrscheinlichkeit, mit der das Eintreffen eines Ereignisses in Abhängigkeit von den Werten der unabhängigen Variablen stattfand. War die Wahrscheinlichkeit $\leq 0,5$, so wurde von einem Nicht-Eintreffen des Ereignisses ausgegangen.

Neben dem χ^2 Wert und der Wald-Statistik bildete auch die Höhe der Wahrscheinlichkeit, mit der das Ereignis „*Chlamydophila* spp. positiv eingestufter

Betrieb“ oder „*Chlamydophila* spp. negativ eingestufter Betrieb“ vorhergesagt werden konnte, ein Entscheidungskriterium für das endgültige Regressionsmodel. Das endgültige Regressionsmodell wurde abschließend mit Hilfe der Daten, die aus den 100 ausgewählten Betrieben stammen, verifiziert.

ERGEBNISSE TEIL A: EINZELTIERDATEN

Milchleistungs-, Reproduktions- und Gesundheitsdaten von 1074 Milchkühen standen zur Verfügung, um Unterschiede zwischen den Kühen der Gruppen I^+H^+, I^-H^+ und I^-H^- festzustellen.

Tabelle 8: **Daten der Milchleistungsprüfung der auf *Chlamydophila* spp. untersuchten Milchkühe, unterschieden nach positiven Kühen aus positiv klassifizierten Herden (I^+H^+), negativen Kühen aus positiven Herden (I^-H^+) und negativen Kühen aus negativen Herden (I^-H^-)**

	I^+H^+ Mittelwert ± SD n = 145	I^-H^+ Mittelwert ± SD n = 511	I^-H^- Mittelwert ± SD n = 418	*P*-Wert[1]
305-Tage-Milchleistung (kg)	8.665 ± 1.358[a]	8.750 ± 1.431[a]	9.048 ± 1.379[b]	0,001
Fett (%)	4,24 ± 0,39	4,22 ± 0,42	4,24 ± 0,41	n.s.
Eiweiß (%)	3,30 ± 0,22	3,32 ± 0,21	3,33 ± 0,22	n.s.
Log Zellzahl	5,09 ± 0,38[a]	5,13 ± 0,36[a]	5,19 ± 0,34[b]	0,002
Anzahl Laktationen/Kuh	2,5 ± 1,6	2,5 ± 1,4	2,6 ± 1,5	n.s.

[ab] Werte mit ungleichen Hochbuchstaben in einer Zeile sind voneinander verschieden ($P \leq 0,016$, *t*-Test)
[1] *One-way-ANOVA*, n.s. = nicht signifikant

Milchleistungsdaten

Zunächst wurden die Daten der MLP der drei Gruppen (I^+H^+, I^-H^+, I^-H^-) miteinander verglichen. Die Unterschiede zwischen den Gruppen sind in Tabelle 8 dargestellt. Die Kühe der Gruppe I^-H^- wiesen im Vergleich zu den Gruppen I^+H^+ und I^-H^+ eine höhere Milchleistung auf.

Ebenfalls ist der höhere log Zellzahlwert dieser Gruppe (I^-H^-) auffällig. Der Mittelwert der log Zellzahlwerte entspricht dem geometrischen Mittel der Zellzahlverteilung. Dementsprechend haben die Kühe der Gruppe I^+H^+ im geometrischen Mittel 123.000 Zellen/ml, die Gruppe I^-H^+ 135.000 Zellen/ml und die Gruppe I^-H^- 158.000 Zellen/ml.

Wird das lineare Modell neben dem Einfluss der CK um den Faktor LaGr und deren Wechselwirkungen erweitert, bleibt der Einfluss der CK auf den Zellgehalt bestehen ($P = 0{,}01$), Wechselwirkungen zwischen CK und LaGr wurden nicht ermittelt.

Einen Einfluss der *Chlamydophila* Spezies (*abortus, psittaci, pecorum*) auf die Milchleistung und die Zellzahl konnte nicht festgestellt werden. Die Verteilung der Milchleistung auf die einzelnen Spezies stellt sich wie folgt dar: *Cp. abortus* (n = 53) 8.788 kg (± 1.453), *Cp. psittaci* 8.531 kg (± 975) und *Cp. pecorum* 9.929 kg (± 2.130). Für die Zellzahl sah die Verteilung folgendermaßen aus: *Cp. abortus* 5,22 (± 0,30), *Cp. psittaci* 5,13 (± 0,35), und *Cp. pecorum* 5,07 (± 0,27).

Reproduktions- und Gesundheitsdaten

Verschiedene Parameter, welche die unterschiedlichen Daten der Reproduktion und der Gesundheit der Kühe aus den drei Gruppen darstellen, sind in Tabelle 9 zu sehen.

Die Möglichkeit eines Aborts lag bei Tieren der Gruppe I^+H^+ und I^-H^+ um das 2,4 fache höher (OR, CI: 1,5-2,8; RR = 2,1 CI: 1,5-3,1) als bei den negativen Tieren (Gruppe I^-H^-). Auf keinen reproduktionsrelevanten Parameter und auch auf keinen Parameter, der Gesundheitsstörungen anzeigt, konnte ein Einfluss der *Chlamydophila* Spezies nachgewiesen werden.

Tabelle 9: Häufigkeiten (%) reproduktionsrelevanter Parameter und Gesundheitsstörungen von positiven Kühen aus positiv klassifizierten Herden (I^+H^+), negativen Kühen aus positiven Herden (I^-H^+) und negativen Kühen aus negativen Herden (I^-H^-)

	I^+H^+ n = 145	I^-H^+ n = 511	I^-H^- n = 418	*P*-Wert[1]
Aborte während letzter Laktation[2]	20,7[a]	16,8[a]	1,0[b]	< 0,001
Kalbezeitpunkt zu früh (< 270 Tage)	9,0[a]	3,5[b]	0,2[c]	< 0,001
Kälbersterblichkeit[3]	17,9[a]	5,9[b]	3,4[b]	< 0,001
Nachgeburtsverhaltung	37,9[a]	32,5[a]	11,0[b]	< 0,001
Veterinärmedizinische Behandlungen bis 10 Tage postpartum	46,9[a]	41,7[a]	23,9[b]	< 0,001
Unsauberer Vaginalausfluss	61,4[a]	29,4[b]	21,9[c]	< 0,001
Sterilitätsbehandlungen nach mehrmaligem Belegen ohne Trächtigkeitsergebnis	60,0[a]	33,3[a]	9,9[b]	< 0,001

[abc]Werte mit ungleichen Hochbuchstaben in einer Zeile sind signifikant voneinander verschieden ($P \leq 0,016$, *t*-Test)
[1]*One-way-ANOVA*, n.s. = nicht signifikant
[2]Zeitintervall vom positiven Trächtigkeitsergebnis bis zur 27. Trächtigkeitswoche
[3]Zeit von der 27. Trächtigkeitswoche bis zum 7. Tag postpartum

In Abbildung 5 ist die Anzahl an Besamungen, die für eine Besamung benötigt werden je Kuh dargestellt (Anteil der Kühe in %) unterschieden nach ihrer Gruppenzugehörigkeit (I^+H^+, I^-H^+, I^-H^-). Tiere mit der Gruppenzugehörigkeit I^+H^+ wurden im Mittel 2,6 Mal pro Trächtigkeit besamt, Kühe der Gruppe I^-H^+ sind durchschnittlich 2,4 Mal und Kühe der Gruppe I^-H^- 2,2 Mal belegt worden.

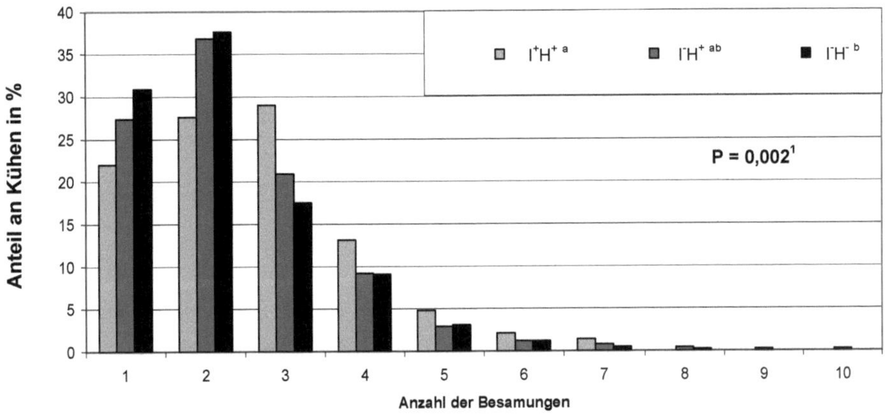

[ab]Werte mit ungleichen Hochbuchstaben in einer Zeile sind signifikant von einander verschieden ($P \leq 0,016$, *t*-Test)
[1] *One-way-ANOVA*

Abbildung 5: Anteil der Milchkühe (%) und ihre benötigte Anzahl an Besamungen pro Trächtigkeit unterschieden nach positiven Kühen aus positiv klassifizierten Herden (I^+H^+, n=145), negativen Kühen aus positiven Herden (I^-H^+, n=511) und negativen Kühen aus negativen Herden (I^-H^-, n=418)

ERGEBNISSE TEIL B: CHECKLISTE

Mit den von uns festgestellten Variablen, welche Unterschiede zwischen *Chlamydophila* spp. positiv und negativ klassifizierten Betrieben ergeben, die die Ausbreitung des Erregers begünstigen und auch Anzeichen für Infektionen mit diesem darstellen können (Kemmerling et al., 2009) wurden verschiedene logistische Regressionsmodelle entwickelt. Als Ziel galt es, die Variablenkombination zu finden, welche die beste Vorhersagewahrscheinlichkeit ergab, eine Herde mit unbekanntem *Chlamydophila*-Status zu klassifizieren.

Die Kombination der Variablen „Kälbersterblichkeit" (KäSterb), „Ort der Abkalbung" (OdA) und „Art der Besamung" (AdB) stellte sich als diejenige mit der besten Kombination aus χ^2-verteilter Waldstatistik und Vorhersagewahrscheinlichkeit heraus. Folgende Regressionsgleichung ergab sich für die drei genannten Variablen:

$$\mathbf{y_{ijk} = -1{,}669 * KäSterb_{i} + -1{,}710 * OdA_{j} + -0{,}667 * AdB_{k} + 6{,}309}$$

i: 1 = < 2%; 2 = > 2%-10%; 3 = > 10%, Zeit von der 27. Trächtigkeitswoche bis zum 7. Tag postpartum

j: 1 = Einzel-Abkalbebox; 2 = Gruppen-Abkalbebox; 3 = keine Abkalbebox

k: 1 = KB; 2 = KB und Deckbulle; 3 = nur Deckbulle

Anhand dieser Regressionsgleichung konnten 86,9% der positiv klassifizierten Betriebe als richtig positiv (53 von 61) und 84,6% der negativen Betriebe (33 von 39) als richtig negativ eingestuft werden, was einem Gesamtprozentsatz von 86,9% entspricht.

Eine Erweiterung dieses gezeigten logistischen Modells um die Variable „Rastzeit" führte zwar zu der exakt gleichen Vorhersagewahrscheinlichkeit wie im dargestellten Modell, jedoch war keine Signifikanz in der χ^2-verteilter Waldstatistik für die Variablen „Rastzeit" ($P < 0{,}733$) und „Art der Besamung" ($P < 0{,}133$) gegeben.

Ein logistisches Modell mit der zugefügten Variablen „Zukauf von Tieren", die wir als Risikofaktor ermittelt hatten (Kemmerling et al., 2009), ergab ebenfalls keine Signifikanz (P < 0,268) in der χ^2-verteilter Waldstatistik, gleiches gilt für die Variable „Art der Besamung" (P < 0,053). Des Weiteren ergab sich auch eine schlechtere Vorhersagewahrscheinlichkeit im Vergleich zu dem aufgeführten Model. So konnte eine Gesamtvorhersagewahrscheinlichkeit von 84% ermittelt werden, wobei aber nur 79,5% der negativen Betriebe (31 von 39) und 86,9% der positiven Betriebe (53 von 61) richtig eingestuft werden konnten.

Weitere logistische Regressionsmodelle ergaben entweder schlechtere Vorhersagewahrscheinlichkeiten, oder wiesen für einige Variablen keine Signifikanzen in der χ^2-verteilter Waldstatistik auf, so dass das gezeigte Modell die beste Kombination aus den geforderten Bedingungen ergab.

Die in der logistischen Regression errechneten drei Variablen können in Form einer Checkliste als Hilfsmittel zur Überprüfung des *Chlamydophila*-Status in der Praxis angewandt werden.

Tabelle 10: **Wahrscheinlichkeit in (%) einen Betrieb mit unbekanntem *Chlamydophila* spp. Status als richtig einzustufen in Abhängigkeit der richtig eingestuften Herden zur Gesamtanzahl der Herden pro Variablenkombination**

Variablenkombination	**Kälbersterblichkeit**[1]	**Ort der Abkalbung**[2]	**Art der Besamung**[3]	**Vorhergesagter *Chlamydophila*-Status- aufgrund Variablenausprägung** (0 = *Chlamydophila* negativ, 1 = *Chlamydophila* positiv)	**Herden mit richtig vorhergesagtem *Chlamydophila*-Status im Verhältnis zur Gesamtanzahl der Herden mit dargestellter Variablenkombination**
1	1	1	1	**0**	**15/18 (83,4%)**
2	1	1	2	**0**	**1/2 (50%)**
3	1	1	3	**0**	**4/4 (100%)**
4	1	2	1	**0**	**7/9 (77,8%)**
5	1	2	3	**1**	**2/3 (66,7%)**
6	1	3	1	**1**	**1/1 (100%)**
7	2	1	1	**0**	**6/8 (75%)**
8	2	1	2	**0**	**1/1 (100%)**
9	2	2	1	**1**	**10/13 (76,9%)**
10	2	2	2	**1**	**7/8 (87,5%)**
11	2	2	3	**1**	**5/5 (100%)**
12	2	3	1	**1**	**1/1 (100%)**
13	2	3	2	**1**	**2/2 (100%)**
14	2	3	3	**1**	**3/3 (100%)**
15	3	2	1	**1**	**8/9 (88,9%)**
16	3	2	2	**1**	**2/2 (100%)**
17	3	2	3	**1**	**3/3 (100%)**
18	3	3	1	**1**	**5/5 (100%)**
19	3	3	2	**1**	**1/1 (100%)**
20	3	3	3	**1**	**2/2 (100%)**

[1] 1 = < 2%; 2 = > 2%-10%; 3 = > 10%, Zeit von der 27. Trächtigkeitswoche bis zum 7. Tag postpartum
[2] 1 = Einzel-Abkalbebox; 2 = Gruppen-Abkalbebox; 3 = keine Abkalbbox
[3] 1 = KB; 2 = KB und Deckbulle; 3 = nur Deckbulle

In Tabelle 10 sind alle Variablenkombinationen der drei Parameter KäSterb, OdA und AdB dargestellt, die mindestens eine der in der Studie beteiligten Milchviehherden aufwies. Wie viele Herden pro Variablenkombination vertreten waren, ist in der letzten Spalte der Tabelle zu sehen. Die Wahrscheinlichkeit, eine Herde mit unbekannten *Chlamydophila*-Status anhand der ermittelten drei Variablen richtig einzustufen, ergibt sich aus dem Verhältnis der richtig eingestuften Herden pro Variablenkombination zur Gesamtanzahl der Herden pro Variablenkombination.

Insgesamt konnten in den 100 untersuchten Betrieben in NRW 20 verschiedene Variablenkombinationen von 27 möglichen festgestellt werden. Von diesen führen sechs Kombinationsmöglichkeiten zu einer negativen Einstufung und 14 zu einer positiven. Die Wahrscheinlichkeit der richtigen Einstufung der Betriebe erfolgte aufgrund der richtig klassifizierten Betriebe im Verhältnis zur Gesamtanzahl.

DISKUSSION TEIL A: EINZELTIERERGEBNISSE

Milchleistungsdaten

Wir konnten bereits eine höhere Milchleistung in *Chlamydophila* spp. negativ klassifizierten Herden im Vergleich zu positiven feststellen (Kemmerling et al., 2009). Dieses Ergebnis bestätigte sich nun auch auf der Einzeltierebene. Auf der Herdenebene haben wir neben dem Einfluss der *Chlamydophila* Klassifizierung auf die Milchleistung auch einen Einfluss der Laktationsgruppe auf die Milchleistung der Herde festgestellt (Kemmerling et al., 2009). Aufgrund dieser Ergebnisse wurde in dieser Studie ebenfalls der Einfluss der Laktationsnummer auf die Milchleistung untersucht. Auch aus der Literatur ist bekannt, dass die Laktationsnummer Einfluss auf die Höhe der Milchleistung hat. So erhöht sich die Milchleistung mit steigender Anzahl an Laktationen (bis einschließlich zur vierten Laktation) (Raubertas und Shook, 1982; Ray et al., 1992). Dieses Ergebnis zeigte sich ebenfalls in der vorliegenden Studie auf Einzeltierebene: Tiere in der vierten oder einer höheren Laktation wiesen eine größere Milchleistung als Tiere mit niedrigeren Lakationsnummern auf ($P < 0{,}001$). Zwischen der CK und der LaGr konnten keine

Wechselwirkungen nachgewiesen werden. Somit beeinflussen sowohl die CK als auch die LaGr die Milchleistung unabhängig voneinander.

In einer serologischen Studie zu *Chlamydophila* spp. erfassten Wehrend et al. (2005) ebenfalls die Milchleistungsdaten. Sie konnten keinen Unterschied zwischen seropositiven und seronegativen Kühen in der Milchleistung finden, jedoch zeigt die Seroprävalenz keine akute Infektion des Erregers an, sondern nur das Auftreten von Antikörpern. Des Weiteren teilten Wehrend et al. (2005) die Kühe nur in Leistungsgruppen niedrig, mittel und hoch ein, ohne diese genauer zu definieren.

Aus der Literatur ist bekannt, dass sowohl die Spezies *abortus* als auch die Spezies *pecorum* zu Mastitiden und erhöhten Zellzahlen führen können (Papadopoulos und Leontides, 1972; Rønsholt und Basse, 1981; Koul et al., 1988). Experimentell induzierte Mastitiden bei Wiederkäuern konnten sowohl mit Hilfe von *Chlamydia abortus* (Papadopoulos und Leontides, 1972; Koul et al., 1988) als auch von *Chlamydia psittaci* (Rønsholt und Basse, 1981; Koul et al., 1988) ausgelöst werden. Die genannten drei Spezies traten auch in unserer Studie auf, jedoch konnten wir keine Verbindung zwischen Spezies und Zellzahl feststellen. Dies entspricht nicht den Ergebnissen von Biesenkamp-Uhe et al. (2007). Sie konnten bei einer Herde von 145 Kühen lediglich *Cp. abortus* als einzige *Chlamydophila* Spezies als Mastitiserreger mittels nested PCR in Milchproben nachweisen. Auch stellten sie im Gegensatz zu unseren Ergebnissen einen höheren Zellzahlwert bei den Kühen mit positivem *Chlamydophila* Ergebnis fest.

Der Zellgehalt der Gruppen I^+H^+ (123.000) und I^-H^+ (135.000) ist signifikant niedriger, als der der Gruppe I^-H^- (153.000). Werden diese Gehalte allerdings mit den Zellzahlwerten (219.000 Zellen/ml, Arbeitsgemeinschaft deutscher Rinderzüchter 2006) aller MLP angehörigen Milchkühe in NRW aus dem gleichen Jahr verglichen, liegen alle drei Gruppen deutlich unter dem Mittelwert des Landesdurchschnittes (219.000 Zellen/ml).

In der Literatur finden sich unterschiedliche Definitionen, ab welcher Höhe der somatische Zellgehalt als Reaktion des Körpers auf eine klinische Mastitis gesehen wird. Nach Suriyasathaporn et al. (2000) gibt es bei einem Zellgehalt unter 200.000 Zellen/ml noch keine Reaktion des Körpers auf eine Mastitis. Dementsprechend ist der für die Gruppe I^-H^- ermittelte Zellgehalt von 153.000 Zellen/ml ebenso unbedenklich wie die signifikant niedrigeren Gehalte der Gruppen I^+H^+ (123.000) und

I^-H^+ (135.000). Kehrli und Schuster (1994) sehen hingegen Zellgehalte, die 100.000 Zellen/ml überschreiten als eine physiologische Reaktion des Organismus auf eine klinische Mastitis an. Somit könnten nach dieser Studie die Zellgehalte aller drei Gruppen als Reaktion des Körpers auf klinische Mastitiden angesehen werden.

Als eine Ursache für den niedrigeren Zellzahlwert in positiven Betrieben könnten auch andere, durch *Chlamydophila* hervorgerufene Krankheiten stehen. Behandlungen durch therapeutische Maßnahmen dieser Krankheiten könnten so auch Infektionen des Euters vermieden haben.

Reproduktions- und Gesundheitsdaten

Chlamydophila spp. beeinflusst die Funktion der Plazenta und kann so zu Abort oder Frühgeburten führen (Buxton et al., 1990), was die vorliegenden Daten auch bestätigen, in denen über 20% der Kühe der Gruppe I^+H^+ in der letzten Laktation einen Abort hatten. Auch ist das Risiko eines Aborts für diese Tiere erhöht. Wehrend et al. (2005) stellten ebenfalls ein höheres Risiko (6,6fach) für einen Abort fest, bei *Chlamydophila* spp. positiven Kühen. Auch Cavirani et al. (2001) und Wang et al. (2001) beschreiben eine erhöhte Abortrate bei *Chlamydophila* spp. infizierten Kühen. Perez-Martinez und Storz (1985b) beziffern – entsprechend der eigenen Untersuchung – die Abortrate in *Chlamydophila* positiven Betrieben auf 20%. Auch bei kleinen Wiederkäuern zeigen sich diese Zusammenhänge. So konnten Chanton-Greutmann et al. (2002) durch histopathologische Untersuchungen an abortierten Schaf- und Ziegenföten in 23% der Ziegenföten (von n = 144) und 39% der Schafföten (von n = 86) *Chlamydophila abortus* feststellen.

Als Abort sind Verkalbungen bis einschließlich 27. Trächtigkeitswoche erfasst worden, Verkalbungen ab der 27. Trächtigkeitswoche bis zum 270. Tag der Trächtigkeit sind als Parameter „Kalbezeitpunkt zu früh" definiert worden. Die Ergebnisse dieser beiden Parameter, häufigeres Auftreten bei positiv getesteten Kühen, stimmen mit den Aussagen von Storz et al. (1968) überein, die ebenfalls ein zu frühes Abkalben bei infizierten Milchkühen beschreiben.

Totgeburten und hohe Sterberaten sind ebenfalls bei Schafen bekannt (Papp und Shewen, 1996; Longbottom und Coulter, 2003). Auch Wehrend et al. (2000) und Borel et al. (2006) beschreiben ein erhöhtes Vorkommen von Totgeburten und

Sterberaten bei neugeborenen Kälbern, konkrete Zahlen sind jedoch nicht vermerkt. Das signifikant häufigere Auftreten der Kälbersterblichkeit bei den Tieren der Gruppe $I^{+}H^{+}$ und $I^{-}H^{+}$ erscheint aber auch bei fehlenden Vergleichszahlen nicht überraschend. Verschiedene Autoren (Storz et al. 1966; Eugster und Storz, 1971; Storz et al., 1971a) beschreiben den Verlauf und die Symptome von *Chlamydophila* Infektion bei Kälbern mit Todesfolge nach zwei bis zehn Tagen. Da der Parameter der Kälbersterblichkeit in der eigenen Untersuchung den Zeitraum bis zum siebten Tag post partum erfasst, ist nicht auszuschließen, dass auch später infizierte Kälber sterben. Die Infizierung mit *Chlamydophila* im Mutterleib konnten Jee et al. (2004) in ihrer Studie ausschließen, ebenso die Übertragung mittels Kolostrum. Jedoch konnten sie Antikörper gegen den Erreger bei den Kälbern feststellen, welche die Kälber nach ihrer Meinung durch das Kolostrum aufgenommen haben. Damit bestätigen Jee et al. (2004) die Aussagen von anderen Autoren (Eugster und Storz, 1971; Schachter et al., 1975; Horsch, 1980; Wittenbrink et al., 1988; Gerbermann, 1991), dass der Übertragungsweg für Chlamydien beim Kalb auf der fäkal-oralen Route erfolgt und nicht in utero bzw. galaktogen.
Cp. abortus ist die am häufigsten auftretende *Chlamydophila* Spezies bei Schafen mit Aborten und tot geborenen bzw. lebensschwachen Lämmern (Longbottom und Coulter, 2003; Maley et al., 2009), wir konnten jedoch keinerlei Beziehung zwischen den *Chlamydophila* Spezies und dem Auftreten von Aborten und den anderen reproduktionsrelevanten und gesundheitsstörenden Parametern finden.

Von erhöhter Nachgeburtsverhaltung bei *Chlamydophila* spp. positiven Kühen berichtet Shewen (1980), entsprechend den vorliegenden Ergebnissen, in denen 37,9% der Tiere aus der Gruppe $I^{+}H^{+}$ im Vergleich zu 11% der Kühe aus der Gruppe $I^{-}H^{-}$, Nachgeburtsverhaltung aufwiesen.

Daraufhin und auch auf Grund von Metritiden, die sich in unsauberen Ausfluss äußern, erfolgte häufiger ($P < 0{,}001$) eine veterinärmedizinische Behandlung unmittelbar nach der Kalbung bei Tieren der Gruppe $I^{+}H^{+}$ als bei Tieren der Gruppen $I^{-}H^{+}$ und $I^{-}H^{-}$, wobei die Tiere der Gruppe $I^{-}H^{+}$ auch häufiger ($P < 0{,}001$) als die der Gruppe $I^{-}H^{-}$ behandelt wurden.

Wehrend et al. (2005) stellten signifikant häufiger unsauberen oder eitrigen Ausfluss bei Kühen mit positivem *Chlamydophila* Befund fest, was auch den Ergebnissen unserer Studie entspricht, wo ebenfalls häufiger ($P < 0{,}001$) unsauberer

Vaginalausfluss bei positiven Kühen (I^+H^+) und auch Kühen der Gruppe I^-H^+ festgestellt werden konnte.

Sterilitäts- bzw. Infertilitätsbehandlungen sind eine Folge der oben beschriebenen Merkmale. Deswegen ist es nicht überraschend, dass sich auch hier die Häufigkeit der Behandlungen zwischen den drei Gruppen unterscheidet.

Die höhere Anzahl an Besamungen pro Trächtigkeit bei den Tieren der Gruppen I^+H^+ und I^-H^+ kann aufgrund einer Infektion mit *Chlamydophila* spp. zusammenhängen, jedoch ist der Zeitpunkt für diese Infektion nicht definierbar. So kann einerseits eine akute Infektion mit *Chlamydophila* vorliegen, welche zum Beispiel durch den Deckakt oder die Besamung mit Sperma von *Chlamydophila* spp. positiven Bullen hervorgerufen wurde (Perez-Martinez und Storz, 1985a; Domeika et al., 1994; Givens und Marley, 2008), andererseits kann auch eine chronische, teilweise auch inapparente Infektion vorliegen, die auch andere Krankheiten zur Folge haben kann, wie z.B. Aborte, frühe Kalbungen, Nachgeburtverhaltung oder Metritiden. In der Literatur ist bekannt, dass Kühe mit Aborten und zu frühen Kalbungen häufiger Nachgeburtsverhaltung und Metritiden (Fourichon et al., 2000) aufweisen, die sich in eitrigem oder unsauberen Ausfluss äußern und behandelt werden müssen. Des Weiteren benötigen Kühe mit Endometritiden und unsauberem Vaginalausfluss eine längere Zeit, um tragend zu werden, als Kühe ohne diese Merkmale (Leblanc et al., 2002), auch benötigen sie dazu eine steigende Anzahl an Besamungen (Fourichon et al., 2000).

Letztendlich werden alle durch *Chlamydophila* spp. hervorgerufenen Erkrankungen durch die Fähigkeit dieser Bakterien hervorgerufen, in gesunden Zellen einzudringen und diese zu zerstören (Wittenbrink et al., 1988).

DISKUSSION TEIL B: CHECKLISTE

Die Kombination der drei aufgeführten Parameter lässt folgende Schlüsse zu: zunächst ist die Kälbersterblichkeit eine wesentliche Kennziffer für den Verdacht auf eine Infektion mit *Chlamydophila* spp. Sie vereint zwei wesentliche Aspekte, einerseits werden die tot geborenen Kälber erfasst, die ab der 27. Trächtigkeitswoche zu früh geboren werden, andererseits werden auch alle

Kälberverluste erfasst, die bis zum siebten Tag postpartum erfolgen. Eine Infektion der Kälber erfolgt nicht im Mutterleib, sondern kann erst durch die bei der Geburt entstehenden Sekrete und die Plazenta erfolgen (Jee et al., 2004) oder auf durch die Übertragung von Tier zu Tier auf der fäkal-oralen Route (Gerbermann, 1991; Wittenbrink et al., 1987).

Des Weiteren verhindern Einzelabkalbeboxen die Übertragung des Erregers zwischen den Kühen, denn wie oben bereits beschrieben, wird der Erreger während der Geburt ausgeschieden. Auch von Schafen ist bekannt, dass die Anzahl an infizierten Schafen ansteigt, wenn diese mit Schafen, die Aborte haben, gehalten werden (Blewett et al., 1982).

Da *Chlamydophila* spp. die Kryokonservierung überlebt (Perez-Martinez und Storz, 1985b; Domeika et al., 1994; Givens und Marley, 2008) kann der Erreger nicht nur während des Deckaktes durch Frischsperma übertragen werden, sondern auch durch die künstliche Besamung. Trotzdem kann durch die Nutzung der künstlichen Besamung die Ausbreitung und Übertragung des Erregers reduziert werden. Bei der künstlichen Besamung werden mehrere Bullen genutzt, so dass das Risiko minimiert ist, Sperma eines positiven Bullen zu nutzen, denn die Prävalenz (PCR) von Besamungsbullen in Deutschland liegt nach Kauffold et al. (2007) bei 9,2%. Dies war das Ergebnis von 122 Besamungsbullen, die auf sechs verschiedenen Besamungsstationen in Deutschland stehen.

Wird jedoch ein Deckbulle genutzt, kann dieser entweder schon infiziert oder sich innerhalb der Herde infizieren und den Erreger mit dem Deckakt weiter übertragen.

Insgesamt kann die Checkliste mit der Kombination dieser Parameter nicht nur für Infektionen und Übertragungswege von *Chlamydophila* spp. gelten, sondern auch für Erreger, die ähnliche Transmissionswege aufweisen.

SCHLUSSFOLGERUNG

Die von uns festgestellte niedrigere Milchleistung und die schlechteren Reproduktions- und Gesundheitsdaten der *Chlamydophila* spp. positiv eingestuften

Tiere zeigen, dass *Chlamydophila* die Gesundheit und das Wohlbefinden der Tiere beeinflusst und schädigt und so zu Leistungseinbußen führt.

Die dargestellte Checkliste kann zeit und kosten-ersparend genutzt werden, um den *Chlamydophila*-Status eines auf den Erreger bisher nicht getesteten Betriebes festzustellen.

Auch für Erreger die ähnliche Übertragungswege aufweisen, kann die Checkliste genutzt werden.

DANKSAGUNG

Die Studie wurde unterstützt vom Ministerium für Umwelt und Naturschutz, Landwirtschaft und Verbraucherschutz des Landes Nordrhein-Westfalen (MUNLV) und dem Lehr- und Forschungsschwerpunkt Umweltverträgliche und Standortgerechte Landwirtschaft (USL). Wir danken dem LKV NRW und allen Landwirten für das Bereitstellen der Daten.

Des Weiteren danken wir Herrn Dr. Christian Rietz (ZEM, Rheinische Friedrich-Wilhelms-Universität, Bonn) für die Hilfe bei der Entwicklung des logistischen Modells.

Kapitel 5

Zusätzliche Ergebnisse und Diskussion

5.1 Weitere Ergebnisse auf Herdenebene

Mehr als 70 Variablen konnten auf Herdenebene erfasst werden (vgl. Tabelle 11). Nicht alle Variablen, die signifikante Unterschiede zwischen positiv und negativ klassifizierten Betrieben aufwiesen, sind in den beiden vorliegenden Manuskripten dargestellt worden. Im Folgenden wird auf diese näher eingegangen.

Überbelegung

Die optimale Größe einer Gruppe von Kühen ist von verschiedenen Faktoren abhängig (GRANT & ALBRIGHT 2001); ein Faktor ist das Verhältnis der Kuhzahl zur Anzahl von Liegeboxen. Hat jede Kuh eine Liegebox zur Verfügung, das heißt ein Kuh-Liegeboxverhältnis von 1:1, so liegt keine Überbelegung vor (ALBRIGHT 1978). Dementsprechend haben die Betriebe der vorliegenden Studie, welche ein Kuh-Liegeboxenverhältnis von 1:1 besitzen, keine Überbelegung. Betriebe mit Überbelegung wurden anhand des prozentualen Anteils der Überbelegung (Anzahl der Kühe zu Anzahl der Liegeboxen x 100) in vier Gruppen eingeteilt:

1 = bis 5%

2 = > 5%-10%

3 = > 10%-20

4 = > 20%.

Überbelegte Ställe oder Buchten fördern die Ausbreitung des Erregers (HORSCH 1980, JEE et al. 2004). Dies wird durch die Ergebnisse dieser Studie unterstützt, denn 64% der positiv klassifizierten Betriebe hatten mehr als 5% Überbelegung, wobei 38% sogar mehr als 10% Überbelegung hatten. Hingegen wiesen mehr als 64% der negativ klassifizierten Betriebe bis zu höchstens 5% Überbelegung auf ($P < 0,05$). Die Unterschiede zwischen positiv und negativ klassifizierten Betrieben wurden mit Hilfe des χ^2-Tests ermittelt.

JEE et al. (2004) zufolge ist dies auf den vermehrten Kontakt zwischen den Tieren zurückzuführen, der durch den geringeren Platz pro Tier begünstigt wird. Zusätzlich erhöht sich der Stress für die Tiere, wenn kein ausreichendes Platz- und Liegeangebot zur Verfügung steht. Vor allem rangniedere Tiere können den ranghöheren weniger aus dem Weg gehen. Außerdem bedeuten die kürzeren und auch nicht frei wählbaren Ruhe- und Liegephasen zusätzlichen Stress, welcher sich negativ auf das Immunsystem auswirken kann und somit auch zu einem erhöhten Infektionsrisiko führen kann (STOTT 1981). Die Übertragungsfrequenz von *Chlamydophila* spp. kann laut KALTENBOECK et al. (2005) durch kleinere Gruppen und geringer Bestandsdichte verringert werden.

Auftreten anderer Infektionserreger: BHV1 und BVD

In zwei der hundert Betriebe traten zum Zeitpunkt der Probenentnahme klinische Verdachtsfälle von BHV1 auf, die durch den direkten Erregernachweis mittels PCR bestätigt wurden. Einer dieser beiden Betriebe wurde ebenfalls *Chlamydophila* spp. positiv klassifiziert.

Klinische Verdachtsfälle von BVD mit bestätigtem direktem positivem Erregernachweis durch PCR traten insgesamt in sieben Betrieben auf, wovon in fünf dieser Betriebe auch *Chlamydophila* spp. nachgewiesen wurde. Signifikante Zusammenhänge zwischen dem gleichzeitigen Auftreten von BHV1 bzw. BVD und *Chlamydophila* spp. konnten aufgrund der geringen Anzahl an Betrieben mit BHV1 bzw. BVD nicht nachgewiesen werden. Im Gegensatz dazu konnten WEHREND et al. (2000 und 2005) ein signifikant häufigeres Auftreten von Antikörpern dieser beiden Erreger in *Chlamydophila* spp. seropositiven Betrieben feststellen.

5.2 Unterschiede der Milchleistungsdaten im Vergleich: Einzeltierebene zu Herdenebene

Die Daten der MLP wurden sowohl für die gesamte Herde als auch für die einzelnen Kühe erfasst und in den beiden Manuskripten der vorliegenden Arbeit dargestellt. Bei dem Vergleich der Datensätze (Herdenebene zu Einzeltierebene) fällt auf, dass sich die Ergebnisse unterscheiden. So konnte kein Unterschied in der Zellzahl zwischen positiv und negativ klassifizierten Herden festgestellt werden, wohingegen diese bei positiv getesteten Kühen niedriger war. Demnach standen auf Betriebsebene keine Eutergesundheitsstörungen durch Chlamydiosen im Vordergrund, denn eine durch *Chlamydophila* spp. hervorgerufene Mastitis geht mit steigender Zellzahl einher (KOUL et al. 1988), jedoch müssen Infektionen mit *Chlamydophila* spp. nicht automatisch auch zu Mastitiserkrankungen führen. PHILIPS & CLARKSON (1998) stellten nur bei 2,1% von 143 Milchproben aus zehn Schafherden ein positives

Ergebnis für *Cp. abortus* fest, bei einer vorliegenden Seroprävalenz von 9,5%. Ähnliche Ergebnisse zeigen auch THOMAS et al. (1990), die in Milchproben von 26 Schafen, welche einen Abort hatten, lediglich in einer Probe Antigene von *Cp. psittaci* finden konnten. JEE et al. (2004) fanden in Milchproben bei 15% der untersuchten Kühe (mittels real-time PCR) *Cp. abortus*, ohne jegliche Anzeichen von Erkrankungen.

Ebenfalls unterschiedliche Ergebnisse auf Betriebs- und Einzeltierebene ergaben sich für das Nutzungsalter der Milchkühe (gemessen in Anzahl an Laktationen). In negativ klassifizierten Betrieben war die Anzahl an Laktationen um 0,5 Laktationen erhöht, jedoch ergaben sich keine Unterschiede auf der Einzeltierebene. Diese Differenz der Ergebnisse zwischen Betriebs- und Einzeltierebene kann damit zusammenhängen, dass auf Einzeltierebene 10 Tiere je Herde bzw. 10% der Herde beprobt worden sind, auf Betriebsebene jedoch die Daten aller Tiere eingegangen und so die Ergebnisse unterschiedlich sind.

Zu den Parametern der Fruchtbarkeit gehört der Besamungsindex, für den kein Unterschied zwischen positiv und negativ klassifizierten Betrieben gefunden werden konnte. Dies entspricht den Ergebnissen von STING et al. (2000). Auf Ebene der Einzeltiere waren jedoch andere Ergebnisse zu beobachten: so wiesen Kühe mit positivem Ergebnis für *Chlamydophila* spp. eine höhere Anzahl an Besamungen je Trächtigkeit auf im Vergleich zu Kühen aus negativ klassifizierten Herden.

Die unterschiedlichen Ergebnisse können auf die Unterschiede in der Erhebung zurückzuführen sein: in den Besamungsindex einer Herde fließen die Besamungen aller Rinder mit ein; weil Jungrinder eine insgesamt bessere Fruchtbarkeit als Kühe aufweisen, werden insgesamt weniger Besamungen pro Trächtigkeit benötigt (HAHN 1969), damit ergibt sich auf Herdenebene ein anderes Bild als auf Ebene der einzelnen Kühe.

Kapitel 6

Schlussfolgerung und Ausblick

Für zukünftige epidemiologische Studien bietet sich das Verfahren der real-time PCR zur Bestimmung der Prävalenz an, als geeignetes Probenmedium haben sich Vaginaltupfer erwiesen.

Die real-time PCR weist für die direkte Feststellung des Erregers die größte Sensitivität im Vergleich zu allen anderen nukleinsäurebasierten Verfahren auf (BOREL et al. 2008). Soll jedoch zusätzlich eine Spezifizierung erfolgen, so bietet sich das Verfahren der Mikroarray-Technik an, welches sowohl den Erreger feststellt als auch spezifiziert. Dabei muss jedoch beachtet werden, dass die Sensitivität zur Feststellung des Erregers dieses Verfahrens 81% der real-time PCR beträgt (BOREL et al. 2008). Aus diesem Grund sollte vor kommenden Untersuchungen feststehen, ob nur die Prävalenz festgestellt wird oder ebenfalls auch eine Speziesbestimmung erfolgen soll.

In dieser Studie wurde sowohl eine Feststellung des Erregers als auch eine Spezifizierung durchgeführt. Zum Zeitpunkt der Untersuchung konnte das Verfahren der DNA-Mikroarray Technik noch nicht genutzt werden, da sich die Methodik für die *Chlamydophila* Spezies noch in der Entwicklung befand.

Die Extraktion der *Chlamydophila*-DNA aus Vaginaltupfern ist nach HOTZEL et al. (1996) am einfachsten und schnellsten im Vergleich zu Milch-, Kot- und Blutproben. Des Weiteren wurden Vaginaltupfer genutzt, da sie nach JEE et al. (2004) die höchste Sensitivität im Vergleich mit Rektal- und Augentupfern aufweisen, die nach SCHACHTER (1999) 92-93% beträgt. Die einfache Probenentnahme und Aufbereitung der Vaginaltupfer bestätigen diese als geeignetes Instrument zur Feststellung des Erregers bei Milchkühen.

Epidemiologische Studien, welche die aktuelle Prävalenz von *Chlamydophila* spp. mittels real-time PCR in einem definierten geographischen Raum in zufällig ausgewählten Betrieben bzw. Herden ermittelt haben, waren bislang nicht bekannt. Die vorliegende Studie ist die Erste dieser Art. Sie bestätigt die bisherigen Vermutungen, dass *Chlamydophila* spp. ein weit verbreiteter Erreger bei Milchvieh ist, der mit verschiedenen Erkrankungskomplexen in Verbindung steht. Es wurde zum Einen eine hohe Prävalenz des Erregers festgestellt, zum Anderen konnten

Fruchtbarkeits- und Gesundheitsstörungen sowie Gelenkserkrankungen nachgewiesen werden.
Chlamydophila spp. sind weltweit verbreitete Erreger, die nicht nur in vielen Ländern Europas zu finden ist (CAVIRANI et al. 2001, GODIN et al. 2008, NIEMCZUK 2005, PETIT et al. 2008, WEHREND et al. 2005), sondern auch in den USA (JEE et al. 2004), Asien (WANG et al. 2001) und Australien (NORTON et al. 1989). Ein gehäuftes Auftreten des Erregers in bestimmten geographischen Regionen oder Ländern ist nicht bekannt. So wird auch im Humanbereich von einer weltweiten, gleichmäßig verteilten Prävalenz von 46% ausgegangen (RASSU et al. 2001). Die von uns ermittelte Prävalenz in einem deutschen Bundesland (NRW) zeigt eine gleichmäßige Verteilung in diesem; kann aber keinen Aufschluss über die Prävalenz des Erregers in den anderen bundesdeutschen Ländern oder gar anderen europäischen Ländern geben. Um genauere Auskünfte über die Prävalenz des Erregers zu bekommen, sind zusätzliche Untersuchungen dieser Art nötig, um eine gezielte Aussage über das aktuelle Vorkommen des Erregers in Milchviehbeständen in Deutschland und Europa zu bekommen. Die bisherigen epidemiologischen Studien erfolgten meist mittels ELISA, so dass nur Seroprävalenzen zur Verfügung stehen, die keinen Aufschluss über das aktuelle Vorkommen des Erregers geben.

Im Gegensatz zu den zwei Klassifikationsgruppen auf Herdenebene (*Chlamydophila* positiv oder negativ), wurden auf Einzeltierebene drei Gruppen gebildet. Da nach BARRY et al. (1995) und KALTENBOECK et al. (2005) *Chlamydophila* spp. nahezu 100% der Herde infiziert, kann davon ausgegangen werden, dass auch die negativ untersuchten Kühe, die aus positiv klassifizierten Herden stammen, den Erreger in sich tragen, jedoch zum Zeitpunkt der Untersuchung keine akute, durch den Erreger induzierte Infektion durchliefen und/oder zum Beprobungszeitpunkt keine Erregerausscheidung bei diesen Tieren stattfand.
Aus den Ergebnissen der MLP und den Reproduktions- und Gesundheitsdaten ist ersichtlich, dass bis auf den Parameter der „Kälbersterblichkeit“ sich die Tiere der Gruppe I^-H^+ immer signifikant von denen der Gruppe I^-H^- unterscheiden und somit den Ergebnissen der positiven Tiere der Gruppe I^+H^+ gleichen. Daher kann diese Gruppeneinteilung auf Einzeltierniveau als richtig angesehen werden und die Aussage von BARY et al. (1995) und KALTENBOEK et al. (2005) bestätigen.

Mangelnde Boxen- und Laufgangsauberkeit, welche auch die Sauberkeit der Tiere beeinflusst, wurden als Risikofaktoren identifiziert. Eine Optimierung des Hygienemanagements führt zu sauberen Boxen- und Laufgängen und somit auch zu sauberen Tieren. Die Parameter der Sauberkeit stellen ein Indiz für die Übertragung auf der fäkal-oralen Route dar. Prädisponierend dafür sind Ansammlungen von Kot und Urin, entsprechend den bereits ermittelten Transmissionsrouten von GERBERMANN (1991), HORSCH (1980), SCHACHTER et al. (1975) und WITTENBRINK et al. (1988). Entsprechende Reinigung der Boxen- und Lauffläche hilft den Übertragungsweg zu unterbrechen und so die Ausbreitung des Erregers zu vermeiden.

Ein fehlender, separater Abkalbebereich gilt ebenso als Risikofaktor für Infektionen zwischen den Tieren, denn der Erreger wird mit der Plazenta und den Geburtsekreten ausgeschieden (PAPP & SHEWEN 1996, LONGBOTTOM & COULTER 2003). Eine Separierung der abkalbenden Tiere in Einzelabkalbeboxen unterbindet den Kontakt von Tier zu Tier und verhindert so eine Übertragung. Ebenso sollten kranke Tiere separiert werden, da sie ebenfalls während einer Infektion den Erreger ausscheiden können.

Der Zukauf von Tieren aus anderen Herden ist ebenfalls ein Risikofaktor, denn ein neues Tier kann den Erreger in eine *Chlamydophila*-freie Herde eintragen. Zugeführte Tiere werden meist zur Bestandsergänzung zugekauft, durch Senkung der Remontierungsrate und Verlängerung der Lebensdauer (Steigerung der Anzahl an Laktationen) kann dies verhindert werden (RENKEMA & STELWAGEN 1979). Bei Einführung von Tieren aus anderen Herden, gilt es, die Tiere zunächst zu separieren und evtl. auf *Chlamydophila* spp. und auch andere Erreger zu untersuchen, soweit der Status der Tiere nicht bekannt ist.

Das gehäufte Auftreten des Erregers bei Betrieben mit Besamung durch Natursprung deckt sich ebenfalls mit dem bekannten Weg der venerischen Übertragung (PAPP & SHEWEN 1996, RODALKIS et al. 1998, WITTENBRINK et al. 1988), so konnte der Einsatz von Deckbullen anstelle der künstlichen Besamung auch als Risikofaktor identifiziert werden.

Durch die ermittelten Risikofaktoren werden gleichzeitig Wege aufgezeigt, die Übertragung und Ausbreitung zu minimieren bzw. zu verhindern. Wenn dies geschieht, kann auch der negative Einfluss des Erregers auf die Parameter der Reproduktion, Gesundheit und der MLP reduziert werden und eine Beeinträchtigung der Gesundheit und des Wohlbefindens der Tiere sowie wirtschaftliche Einbußen verhindert werden.

Die aus den Variablen ermittelte Checkliste zeigt, dass die Kombination der Reproduktionskennziffer „Kälbersterblichkeit" mit den Risikofaktoren „Ort der Abkalbung" und „Art der Besamung" die beste Möglichkeit darstellt, Betriebe deren *Chlamydophila*-Status nicht bekannt ist, zu klassifizieren. Dies zeigt die Wichtigkeit der Vermeidung der Risikofaktoren auf, die für den Übertragungsweg der Chlamydien stehen und deren Vermeidung ein elementarer Baustein für die Minimierung bzw. Verhinderung des Risikos von *Chlamydophila* Infektionen ist.
Die Vermeidung bzw. Minimierung der Variablen der Checkliste so wie auch der von uns ermittelten Risikofaktoren, dient nicht nur zur Verhinderung der Ausbreitung von *Chlamydophila* spp, sondern auch zur Verhinderung der Ausbreitung all jener Erreger, die gleiche oder auch ähnliche Übertragungswege aufweisen.

Kapitel 7

Zusammenfassung

Die Ermittlung der Prävalenz von *Chlamydophila* spp. bei Milchkühen in Nordrhein-Westfalen war das primäre Ziel dieser Arbeit. Dazu wurden 100 Milchviehbetriebe in Nordrhein-Westfalen zufällig ausgewählt. Die Verteilung der auszuwählenden Betriebe orientierte sich an der Verteilung der Kühe in den 32 Landkreisen Nordrhein-Westfalens entsprechend der Datenbank des Landeskontrollverbandes NRW e.V. In Betrieben mit weniger als 100 Tieren wurden zehn Tiere je Herde und in Betrieben mit mehr als 100 Tieren 10% der Herde beprobt. Die in den Jahren 2006 und 2007 durchgeführte Beprobung erfolgte mittels Vaginaltupfern, die nach Aufbereitung in einer hoch sensitiven genus-spezifischen real-time PCR analysiert wurden. Die Spezifizierung der in der real-time PCR positiv getesteten Proben erfolgte mit Hilfe einer nested PCR; die Unterscheidung der Spezies *Chlamydophila psittaci* und *Chlamydophila abortus* geschah mit einer PCR. Aufgrund der diskontinuierlichen Ausscheidung des Erregers wurde eine Herde als positiv eingestuft, wenn mindestens ein Tier dieser Herde ein positives Ergebnis für *Chlamydophila* spp. aufwies. Auf diese Weise konnte in den ausgesuchten Betrieben (Herdenebene) eine Prävalenz von 61% und auf Einzeltierebene von 13,5% (1074 Kühe) für eine aktuelle Infektion festgestellt werden.

Aus Daten der Milchleistungsprüfung, Tierarztdaten, Daten aus Herdenmanagementprogrammen und Beobachtungsdaten wurden zwei verschiedene Datensätze, ein Datensatz auf Herdenebene und einer auf Einzeltierebene erstellt, die Milchleistungs-, Reproduktions- und Gesundheitsdaten und betriebliche Gegebenheiten enthielten.

Mit Hilfe der Variablen aus diesen beiden Datensätzen wurden prädisponierende Faktoren und Risikofaktoren für die Verbreitung des Erregers erfasst. Auch wurden die Parameter, für die sich Unterschiede zwischen positiv und negativ klassifizierten Herden und Kühen zeigten und die damit als Kennzeichen für Infektionen mit *Chlamydophila* spp. gelten können, dargestellt. Die Ermittlung all dieser Faktoren war das zweite Ziel dieser Arbeit.

In *Chlamydophila* spp. positiv klassifizierten Betrieben konnte eine geringere Milchleistung (-516 kg/Jahr), eine geringere Anzahl an Laktationen (-0,5 Laktationen) und eine kürzere Rastzeit (-9 Tage) festgestellt werden. Die kürzere Rastzeit in positiv klassifizierten Betrieben war vermutlich auf die niedrigere Milchleistung zurückzuführen. Interaktionen zwischen diesen Variablen, dem *Chlamydophila*-Status und der Laktationsnummer waren nicht vorhanden. Als Risikofaktoren für Infektionen mit dem Erreger wurden der Zukauf von Tieren aus anderen Herden, der Einsatz von Deckbullen anstelle der künstlichen Besamung, ein fehlender separater Abkalbebereich, ungenügende bzw. mangelhafte Boxen- und Laufgangreinigung und unsaubere Kühe identifiziert.

Als Kennzeichen für Infektionen mit dem Erreger wurden entzündete Gelenke, Klauen und/oder Störungen im Bewegungsapparat festgestellt.

Auch das häufigere Auftreten von Aborten, Kalbungen vor dem errechneten Geburtstermin und eine hohe Kälbersterblichkeit wurden als Kennzeichen für das Vorhandensein des Erregers ermittelt.

Mit Hilfe des Datensatzes auf Einzeltierebene wurden ebenfalls häufigere Aborte, häufiger zu frühe Kalbungen, hohe Kälbersterblichkeiten sowie Nachgeburtsverhaltung, unsauberer Vaginalausfluss, erhöhte Anzahl an tierärztlichen Behandlungen nach der Kalbung und Infertilitätsbehandlungen bei positiv getesteten Kühen und Kühen aus positiv klassifizierten Herden festgestellt. Ebenfalls wiesen diese Tiere eine geringere Milchleistung auf (-383 kg bzw. -298 kg) und auch einen geringeren Zellzahlwert (-35.000 Zellen/ml bzw. -23.000 Zellen/ml) im Vergleich zu Tieren aus negativen Betrieben. Des Weiteren benötigten positive Tiere aus positiven Herden mehr Besamungen (2,6) pro Trächtigkeit, als negative aus negativen Herden (2,2).

Als drittes Ziel dieser Arbeit galt es, diejenigen Variablen, welche als kennzeichnend für Infektionen mit *Chlamydophila* spp. identifiziert wurden, in verschiedenen logistischen Regressionsmodellen zu prüfen, um die Variablenkombination zu ermitteln, mit deren Hilfe der *Chlamydophila*-Status eines Betriebes mit bisher unbekanntem *Chlamydophila* Hintergrund am wahrscheinlichsten vorhergesagt werden kann. Diese Variablenkombination, eine sogenannte Checkliste, enthielt die Variablen „Kälbersterblichkeit“, „Ort der Abkalbung“ und „Art der Besamung“. Die Checkliste steht als Ergebnis dieser Arbeit zur Verfügung, um unbekannte Betriebe auf ihren *Chlamydophila*-Status hin zu klassifizieren.

Summary

The first aim of this study was to evaluate the prevalence of *Chlamydophila* spp. in North-Rhine-Westphalian dairy cows. For that purpose, 100 dairy farms in North-Rhine-Westphalia were randomly selected. The dairy cow stocking rate in the different administrative districts of NRW (n= 32) was taken into account according to the database of the Landeskontrollverband NRW e.V. In case of less than 100 cows per farm, ten cows per herd were sampled; if a farm had more than 100 cows, 10% of the herd were sampled. Vaginal swabs were used and analysed after preparation using a highly sensitive, genus-specific real-time PCR. The samples tested positive were specified in a nested PCR; the differentiation between *Chlamydophila psittaci* and *Chlamydophila abortus* was done in a PCR.

Due to the discontinuous shedding of the pathogen, a herd was classified as positive, if at least one animal per herd was tested positive for *Chlamydophila* spp. The prevalence for an ongoing infection in herds was 61%, equivalent to 13.5% of the 1074 sampled cows.

Milk performance recording data, veterinary data, data from management programs and observation data were evaluated to get two databases: a herd-level database and a cow-level database.

Predisposing and risk factors which were related to the spreading of *Chlamydophila* spp. were evaluated based on the database variables. Variables which were different between positive and negative classified farms, were attributed as indices for infections with *Chlamydophila* spp. The second aim of this study was to identify these variables.

Chlamydophila spp. positive tested farms had a lower milk yield (-516 kg/year), lower numbers of lactation (-0.5 lactations) and less days open (-9 days). There were no interactions between these variables, the *Chlamydophila* classification and the lactation number. Replacement animals from outside sources, use of breeding bulls for insemination instead of artificial insemination, lack of separate calving pens, failing and unsatisfactory cleanliness of beddings and walkways and also unsatisfactory cleanliness of the cows were identified as risk factors for infection with the pathogen.

Inflamed joints, claws and/or disturbed locomotion were associated with *Chlamydophila* spp. infection. Positive classified farms had more abortions, preterm calving and perinatal death than negative classified farms.
Cows tested positive and negative tested cows from positive farms had more often abortions, preterm calvings, perinatal deaths, retained placenta, vaginal discharges and therapeutic treatments after calving and against infertility. They also had lower milk yields (-383 kg and 298 kg respectively) lower somatic cell counts (-35,000 cells/ml and 23,000 cells/ml respectively) and a higher number of inseminations (2.6) per conception than the animals from negative classified farms (2.2).

The third aim of our study was to establish a combination of variables that is suitable to characterize the likelihood for *Chlamydophila* spp. infections on farms with an unknown *Chlamydophila* status. For that purpose, all variables, which were identified as risk factors and attributed as indices for infections with *Chlamydophila* spp, were pooled in different logistic regression models, to develop the best combination of variables. This final checklist consisted of the variables "perinatal deaths", "place of calving" and "kind of insemination" is a result of this study to classify the *Chlamydophila*-status on unknown farms.

A Tabellenanhang

Tabelle 11: Datenbogen zur Ermittlung der Variablen auf Herdenebene

Variable	*Wert, Kategorie, Antwortschema*
MLP-Daten (LKV-Jahresbericht pro Betrieb)	
Kuhzahl	Anzahl
Milchleistung	Menge in kg/Jahr
Fett	Prozent
Eiweiß	Prozent
Somatische Zellzahl	Tausend/kg Milch
Anzahl Laktationen	Durchschnittliche Anzahl aller Tiere der Herde
Remontierung	Anteil ersetzter Tiere/Jahr
Besamungsindex	Durchschnittliche Besamungen/Kuh/Jahr
Rastzeit	Durchschnittliche Anzahl der Tage bis zur ersten Belegung pro Betrieb
Güstzeit	Durchschnittliche Anzahl der Tage bis zur ersten Trächtigkeit pro Betrieb
Haltung, Fütterung, Umwelt	
Alter des Stalls	1 = ≤ 5 Jahre 2 = 5-10 Jahre 3 = > 10-15 Jahre 4 = > 15-20 Jahre 5 = > 20 Jahre
Art des Stall	Beschreibung, keine Codierung
Stallbodenbelag, Art des Belags	1 = Flächenspalten 2 = Einzelspalten 3 = planbefestigt
Schieber vorhanden	· Ja · Nein
Spalten aufgeraut	· Ja · Nein
Überbelegung des Stalls	1 = nein (Liegebox-Kuhverhältnis 1:1) 2 = ≤ 5% 3 = > 5-10% 4 = > 10-20% 5 = > 20%
Bürste	· Ja · Nein

Variable	*Wert, Kategorie, Antwortschema*
Art der Fütterung	Beschreibung, keine Codierung
Weide	· Ja · Nein · Siestabeweidung
Kraftfutter über Transponder	· Ja · Nein
Kraftfuttergabe im Melkstand	· Ja · Nein
Art der Tränke	Beschreibung, keine Codierung
Besamung	
Art der Besamung	· Künstliche Besamung · Deckbulle · Beides (Künstliche Besamung und Deckbulle)
Besamer	· Eigenstandsbesamer · Besamungstechniker · Deckbulle
Kalbung	
Kälbersterblichkeit	1 = < 2% 2 = > 2%-10% 3 = > 10% 4 = keine Angaben
Abort	1 = selten 2 = vereinzelt 3 = vermehrt 4 = keine Angaben
Kalbezeitpunkt	1 = sehr selten zu früh 2 = selten zu früh 3 = häufig zu früh 4 = keine Angaben
Ort der Abkalbung 1	· Abkalbebox · Keine Abkalbebox
Ort der Abkalbung 2	· Einzelabkalbung · Gruppenabkalbung
Ort der Abkalbung 3	· Abkalbebox: Einzelbox · Abkalbebox: Gruppenbucht · Keine Abkalbebox
Beobachtungen am Tier	
Sauberkeit der Kuh	1 = sehr gut 2 = gut 3 = befriedigend 4 = ausreichend 5 = mangelhaft 6 = ungenügend

Variable	*Wert, Kategorie, Antwortschema*
Sauberkeit Vaginalbereich	1 = sehr gut 2 = gut 3 = befriedigend 4 = ausreichend 5 = mangelhaft 6 = ungenügend
Aussehen der Gelenke (vor allem Vorderfußwurzelgelenk, Sprunggelenk)	1 = sehr gut: flaches Gelenk, keine fehlenden Haare oder Abschürfungen 2 = gut 3 = befriedigend 4 = ausreichend 5 = mangelhaft 6 = ungenügend: offene Wunden an Gelenken, beulenartige Schwellungen bzw. Entzündungen
Aussehen der Klauen	1 = sehr gut: gepflegte Klauen, hohe Trachten, keine Zwischenklauen oder Mortelaro 2 = gut 3 = befriedigend 4 = ausreichend 5 = mangelhaft 6 = ungenügend: Klauen zu lang, ungepflegt, starke Erkrankungen
Aussehen des Fundaments	1 = sehr gut: keine Lahmheiten, Bewegungsablauf bzw. „Lokomotion“ insgesamt gut 2 = gut 3 = befriedigend 4 = ausreichend 5 = mangelhaft 6 = ungenügend: schlechter Bewegungsablauf, kaum Vorwärtskommen
Fell	1 = sehr gut: sehr sauber, nicht staubig, keine Verkrustungen durch Schmutz 2 = gut 3 = befriedigend 4 = ausreichend 5 = mangelhaft 6 = ungenügend: sehr verschmutzt, Dreckverkrustungen durch Kot o. ä.
Hörner	· Ja · Nein · Ent- und behornte Tiere in der Herde

Variable	*Wert, Kategorie, Antwortschema*
Verhalten	1 = sehr gut: sehr ruhige Herde, keine Unruhe durch fremde Personen, Kühe lassen sich z.B. ohne Probleme anfassen 2 = gut 3 = befriedigend 4 = ausreichend 5 = mangelhaft 6 = ungenügend: hektische, unruhige Tiere, sehr nervös, lassen sich nicht berühren, ständige hohe Bewegungsrate in der Herde
Hygiene im Stall	
Boxensauberkeit	1 = sehr gut 2 = gut 3 = befriedigend 4 = ausreichend 5 = mangelhaft 6 = ungenügend
Spaltensauberkeit	1 = sehr gut 2 = gut 3 = befriedigend 4 = ausreichend 5 = mangelhaft 6 = ungenügend
Art der Box	Beschreibung, keine Codierung
Art der Einstreu	Beschreibung, keine Codierung
Säuberung des Futtertischs	· Täglich · Alle 2 Tage · Bei Bedarf/unregelmäßig
Säuberung der Tränken	· Täglich · 2 mal pro Woche · 1 mal pro Woche · Bei Bedarf/unregelmäßig
Zwischendesinfektion Melkstand	· Ja · Nein
Zwischendesinfektion Melkstand	Art des Mittels
Bekannter Erreger-Status	
Impfung gegen Chlamydien	· Ja · Nein
Behandlung Chlamydien	· Ja · Nein
BVD	· Positiv · Negativ
BHV1	· Positiv · Negativ

Variable	*Wert, Kategorie, Antwortschema*
BVD Impfung	· Ja · Nein
Sonstiges	
Biobetrieb	· Ja · Nein
Zukauf 1	· Ja (einschließlich Deckbulle) · Nein
Zukauf 2	· Ja · Nein · Nur Zukauf von Deckbulle

Tabelle 12: Datenbogen zur Ermittlung der Daten auf Einzeltierebene

Variable	*Wert, Kategorie, Antwortschema*
MLP-Daten (LKV-Jahresbericht pro Einzeltier)	
Milchleistung	Menge in kg/Jahr
Fett	Prozent
Eiweiß	Prozent
Somatische Zellzahl	Tausend/kg Milch
Anzahl Laktationen	Anzahl des Einzeltiers
Daten zur Kalbung des Einzeltieres	
Kalbezeitpunkt (vor errechnetem Zeitpunkt <270 Tage)	Ja Nein
Kälbersterblichkeit (letztes Kalb lebend, Zeit von der 27. Trächtigkeitswoche bis zum 7. Tag postpartum)	Ja Nein
Daten zur therapeutischen Behandlung des Einzeltieres	
Veterinärmedizinische Behandlungen bis 10 Tage postpartum	1 = Nein 2 = antibiotische Gebärmutterkapseln 3 = Gebärmutterspülung mit Jod 4 = Gabe von Tarantula (Spinnengift) 5 = Anspritzen mit Prostaglandinen

Variable	*Wert, Kategorie, Antwortschema*
Sterilitätsbehandlungen	1 = Nein 2 = Gebärmutterspülung mit Jod 3 = Gebärmutterspülung mit Antibiotika 4 = Gabe von Tarantula (Spinnengift) 5 = Off-Synch Programm 6= Anspritzen mit Prostaglandinen 7 = Spirale
Daten zur Reproduktion des Einzeltiers	
Besamungsindex e	Anzahl an Besamungen bis zur Trächtigkeit
Aborte (während der letzten Laktation, Zeitintervall vom positiven Trächtigkeits-ergebnis bis zur 27. Trächtigkeitswoche)	Ja Nein
Nachgeburtsverhaltung (nach der letzten Kalbung)	Ja Nein
Unsauberer Vaginalausfluss (nach der letzten Kalbung)	Ja Nein

Tabelle 13: **Verteilung der MLP-Kühe in den 32 NRW-Landkreisen und entsprechende Anzahl zu beprobender Betriebe**

Landkreis	Anzahl MLP-Betriebe	MLP - Kühe	Anteil Kühe je Landkreis (%)	Anzahl zu beprobender MLP-Betriebe
Aachen (AC)[1]	163	10.276	3,25	**3**
Borken (BOR)	701	31.635	10,02	**10**
Coesfeld (COE)	225	9.807	3,10	**3**
Düren (DN)	121	5.479	1,73	**2**
Ennepe-Ruhr (EN)[2]	66	3.344	1,06	**1**
Euskirchen (EU)	226	10.117	3,20	**3**
Gütersloh (GT)	291	13.135	4,16	**4**
Heinsberg (HS)	213	11.324	3,59	**4**
Herford-Bielefeld (HFBI)	52	2.337	0,74	**1**
Hochsauerland (HSK)	304	14.941	4,73	**5**
Höxter (HX)	165	6.621	2,10	**2**
Kleve (KLE)	577	39.172	12,40	**12**
Lippe (LIP)	100	4.673	1,48	**1**
Märkischer Kreis (MK)[3]	145	8.536	2,70	**3**
Mettman (ME)[4]	60	2.713	0,86	**1**
Minden-Lübbecke (MI)	222	9.306	2,95	**3**
Münster (MS)	41	1.784	0,56	**1**
Neuss (NE)	85	3.424	1,08	**1**
Oberberg (GM)[5]	265	15.348	4,86	**5**
Olpe (OE)	76	3.548	1,12	**1**
Paderborn (PB)	241	8.615	2,73	**3**
Recklinghausen (RE)[6]	104	6.624	2,10	**2**
Rhein-Berg (GL)[7]	119	6.458	2,04	**2**
Rhein-Erft (BM)[8]	16	714	0,23	**0**
Rhein-Sieg (SU)[9]	194	10.243	3,24	**3**
Ruhr-Lippe (RL)[10]	119	4.071	1,29	**1**
Siegen-Wittgenstein (SI)	90	2.972	0,94	**1**
Soest (SO)	228	8.104	2,57	**3**
Steinfurt (ST)	385	15.013	4,75	**5**
Viersen (VIE)[11]	231	13.242	4,19	**4**
Warendorf (WAF)	347	11.946	3,78	**4**
Wesel (WES)	385	20.333	6,44	**6**
	6.557 Betriebe	**315.855 Kühe**	**100 %**	**100 Betriebe**

[1] Kreis Aachen und kreisfreie Stadt Aachen
[2] Kreis Ennepe-Ruhr und kreisfreie Städte Bochum und Herne
[3] Märkischer Kreis und kreisfreie Stadt Hagen
[4] Kreis Mettmann und kreisfreie Stadt Düsseldorf
[5] Oberbergischer Kreis und kreisfreie Städte Remscheid, Solingen, Wuppertal
[6] Kreis Recklinghausen und kreisfreie Städte Bottrop und Gelsenkirchen
[7] Rheinisch Bergischer Kreis und kreisfreie Städte Köln (rechtsrheinisch) und Leverkusen
[8] Kreis Rhein Erft und kreisfreie Stadt Köln (linksrheinisch)
[9] Rhein-Sieg Kreis und kreisfreie Stadt Bonn
[10] Kreis Unna und kreisfreie Städte Dortmund und Hamm
[11] Kreis Viersen und Ruhrgroßstädte

Tabelle 14: Zusammensetzung des verwendeten Mastermix

Reagenzien	Quantität (in µl)	Endkonzentration pmol/µl
PCR H_2O	0,5l	
qPCR Mastermix	12,5	2x
Primer CH 23s-F[1]	4,5	5
Primer CH 23s-R[2]	4,5	5
Sonde Tippelt CH 23s[3]	1l	5
Gesamt	23l	

[1] CH = Chomp, 23s = Zielregion, F = Forward Primer
[2] CH = Chomp, 23s = Zielregion, R = Reverse
[3] Tippelt = Name der Sonde, CH = Chomp, 23s = Zielregion

Tabelle 15: Sequenzen der in der real-time PCR verwendeten Primer und Sonden

Primer/Sonde	Sequenz
Ch 23s-F	5'CTG AAA CCA GTA GCT TAT AAG CGG T 3'
Ch 23s-R	5'ACC TCG CCG TTT AAC TTA ACT CC 3'
Tippelt Ch 23s	5'FAM CG GCG TGC CTT TTG CAT GAT GAG 3'TAMRA

Tabelle 16: Temperatur-Zeit Profil der real-time PCR, im Zyklus 1 erfolgt eine einmalige thermische Durchmischung, das Kühlen erfolgt automatisch nach dem letzten Zyklus

Zyklus	Phase	Temperatur/Zeit
Zyklus 1		95°C für 10 min
Zyklus 2-45	Denaturierung	95°C für 35 s
	Annealing	60°C für 60 s
	Extension	
nach Zyklus 45	Kühlen	

Tabelle 17: Zusammensetzung des Mastermix der nested PCR 1

Reagenzien	Quantität	Endkonzentration/ 50 µl
PCR H_2O	36,30 µl	
10x Reaction buffer + $MgCl_2$ (15 Mm Mg^{2+})	5,00 µl	1x
$MgCl_2$ (25 mM)	0,50 µl	1,75 mM
dNTP Mix (100 µM)	1,00 µl	2 µM
Primer 191 CHOMP (20pmol/µl)	1,00 µl	0,4 pmol
Primer CHOMP 371 (20pmol/µl)	1,00 µl	0,4 pmol
Taq DNA Polymerase (5 U)	0,20 µl	0,02 U
	45,00 µl	

Tabelle 18: Temperatur-Zeit Profil der nested PCR 1(äußere Primer)

Zyklus	Phase	Temperatur/Zeit
Schritt 1	Initialdenaturierung	95°C für 30s
Schritt 2	Denaturierung	95°C für 30s
Schritt 3	Annealing	60°C für 30s
Schritt 4	Extension	72°C für 30s
Schritt 5	Kühlen	10°C anhaltend

Tabelle 19: Zusammensetzung des Mastermix der nested PCR 2

Reagenzien	Quantität	Endkonzentration/ 50 µl
PCR H_2O	40,30 µl	
10x Reaction buffer + $MgCl_2$ (15 mM Mg^{2+})	5,00 µl	1x
$MgCl_2$ (25 mM)	0,50 µl	1,75 mM
dNTP mixture (100 µM)	1,00 µl	2 µM
Primer sense (20 pmol)	1,00 µl	0,4 pmol
Primer antisense (20 pmol)	1,00 µl	0,4 pmol
Taq DNA polymerase (5 U)	0,20 µl	0,02 U
	49,00 µl	

Tabelle 20: Primeroligonukleotide zur Chlamydiendifferenzierung mittels nested PCR

Primer	Identifizierung von	Nukleotidsequenz (5'-3')*
191CHOMP	*Chlamydia* spp.	GCIYTITGGGARTGYGGITGYGCIAC
CHOMP371	*Chlamydia* spp.	TTAGAAICKGAATTGIGCRTTIAYGTGIGCIGC
201CHOMP	*Chlamydia* spp.	GGIGCWGMITTCCAATAYGCICARTC
CHOMP336s	*Chlamydia* spp.	CCRCAAGMTTTTCTRGAYTTCAWYTTGTTRAT
TRACH269	*C. trachomatis*	ACCATTTAACTCCAATGTARGGAGTG
PNEUM268	*C. pneumoniae*	GTACTCCAATGTATGGCACTAAAGA
218PSITT	*Cp. psittaci*	GTAATTTCIAGCCCAGCACAATTYGTG
204PECOR	*Cp. pecorum*	CCAATAYGCACAATCKAAACCTCGC

*Degenerierte Nukleotide: K=G, T; M=A, C; R=A, G; W=A, T; Y=C, T; I=Inosin

Tabelle 21: Zusammensetzung des Mastermix für PCR zur Unterscheidung der Spezies *Cp. abortus* und *Cp. psittaci*

Reagenzien	Quantität	Endkonzentration/ 50 µl
PCR H_2O	18,5 µl	
10x Reaction buffer + $MgCl_2$ (15 mM Mg^{2+})	2,50 µl	1x
dNTP mixture (100 µM)	0,25 µl	100 µM
Primer Forward (20 pmol)	0,50 µl	0,4 pmol
Primer Reverse (20 pmol)	0,50 µl	0,4 pmol
Taq DNA polymerase (5 U)	0,25 µl	2,5 U
	22,5 µl	

Tabelle 22: Temperatur-Zeit Profil der PCR zur Unterscheidung von *Cp. abortus* und *Cp. psittaci*

Zyklus	Phase	Temperatur/Zeit
Schritt 1	Initialisierung	95°C für 5min
Schritt 2	Denaturierung	94°C für 60s
Schritt 3	Annealing	50°C für 60s
Schritt 4	Extension	72°C für 90s
Schritt 5	Kühlen	10°C anhaltend

B Chemikalien und Puffer

Puffer und Lösungen

DEPC-H_2O

1000 ml	ultra-pure H_2O
0,1 % = 1 ml	DEPC

Bei Raumtemperatur 2 Stunden inkubiert, zwischendurch geschüttelt, anschließend autoklaviert.

0,5 M EDTA

0,5 M = 46,53 g	EDTA
250 ml	ultra-pure H_2O

Der pH-Wert wurde auf 8,0 eingestellt, anschließend wurde die Lösung autoklaviert.

10x PBS

1,37 M = 80 g	NaCl
0,027 M = 2 g	KCl
0,015 M = 2 g	KH_2PO_4
0,096 M = 15 g	$Na_2HPO_4 * 2H_2O$
1000 ml	ultra-pure H_2O

Der pH-Wert wurde mit Hilfe von NaOH auf 7,4 eingestellt und mit 0,1% (1 ml) DEPC aufbereitet und autoklaviert.

1x PBS

100 ml	10x PBS
900 ml	ultra-pure H_2O

80% Ethanol für die Reinigung

800 ml	100% Ethanol vergällt
200 ml	ultra-pure H_2O

Ultra-pure H_2O

Zunächst wurde das Wasser mittels Umkehrosmose aufbereitet. Dann mit Hilfe von Ionenaustauscherharz auf eine Widerstandsgröße von 18,2 MΩ*cm gebracht, photo-oxidiert (185 nm) und ultra-filtriert (0,2 µm) (Elga Labwater USF PureLab Plus UV/UF). Zuletzt wurde das Wasser noch autoklaviert.

5x DNA Ladepuffer

50 mg	Orange G
2 ml	Glycerin
400 ml	0,5 M EDTA, pH 8,0
10 ml	ultra-pure H_2O

Die Aliquote wurden bei -20°C eingefroren und für kurze Zeit während der Benutzung bei 4°C gekühlt.

Ethidiumbromid 1 mg/ml

Ethidiumbromid (10 mg/ml) wurde verdünnt mit 1:10 in DEPC-H_2O.

10x TBE-Puffer

890 mM = 108 g	Tris-Base
890 mM = 55 g	Borsäure
20 mM = 40 ml	0,5 M EDTA, pH 8,0
1000 ml	ultra-pure H_2O

Der Puffer wurde autoklaviert und bei Raumtemperatur gelagert.

Proteinase K (20 mg/ml)

20 mg	Proteinase K
1 ml	DEPC-H_2O

Die Aliquote wurden bei -20°C eingefroren.

1 M Tris-HCL

1 M = 60,57 g	Tris-Base
500 ml	DEPC-H_2O

Der pH-Wert wurde auf 8,0 mit Hilfe von 37% HCl eingestellt und anschließend autoklaviert.

10x PBS

1,37 M = 80 g	NaCl
0,027 M = 2 g	KCl
0,015 M = 2 g	KH_2PO_4
0,096 M = 15 g	Na_2HPO_4 * $2H_2O$
1000 ml	ultra-pure H_2O

Der pH-Wert wurde mit Hilfe von NaOH auf 7,4 eingestellt und mit 0,1% (1 ml) DEPC aufbereitet und autoklaviert.

10x Reaktionspuffer

160 mM	$(NH_4)_2SO_4$
670 mM	Tris-HCl
15 mM	$MgCl_2$
0,1%	Tween 20
1000 ml	ultra-pure H_2O

Der pH-Wert wurde auf 8,8 eingestellt und der Puffer bei Raumtemperatur gelagert.

Lysepuffer

100 mM	Tris-Base
0,05%	Tween 20

Der pH-Wert wurde auf 8,5 eingestellt und der Puffer bei Raumtemperatur gelagert.

Chemikalien, Hersteller, Ort

Chemikalie	Hersteller	Ort	Land
DNA-off	Applichem	Darmstadt	Deutschland
Salivetten	Sarstedt	Nümbrecht	Deutschland
Arterienklemme	Heilandt	Hamburg	Deutschland
SupraTherm	Genecraft	Köln	Deutschland
Agarose	Invitrogen	Karlsruhe	Deutschland
SupraTherm DNA Polymerase	NatuTec	Frankfurt a.M.	Deutschland
10x Reaktionspuffer	NatuTec	Frankfurt a.M.	Deutschland
Ethidiumbromid (10mg/ml)	Eurobio	Les Ulis Cedex B	Frankreich
Tris-Base (Tris-hydroxymethyl-aminomethane)	Carl-Roth GmbH & Co	Karlsruhe	Deutschland
Boric acid	Applichem	Darmstadt	Deutschland
EDTA (Ethylenediaminotetra acetic acid disodium salt)	Applichem	Darmstadt	Deutschland
Orange G	Chroma-Gesellschaft	Münster	Deutschland
Glycerin	Applichem	Darmstadt	Deutschland
Gene Ruber 100bp DNA-Ladder	MBI Fermentas	St. Leon-Roth	Deutschland
pUC 19 DNA/MspI (HpaII) marker	MBI Fermentas	St. Leon-Roth	Deutschland
Φ X174 DNA/*Bsu*RI (HaeIII) Marker	MBI Fermentas	St. Leon-Roth	Deutschland
25mM Mg^{2+} solution	MBI Fermentas	St. Leon-Roth	Deutschland
dNTP (Desoxynucleotid triphosphat)	MBI Fermentas	St. Leon-Roth	Deutschland
DEPC	Applichem	Darmstadt	Deutschland

(Diethylpyrocarbonat)			
Proteinase K	Applichem	Darmstadt	Deutschland
Chemikalie	**Hersteller**	**Ort**	**Land**
NaCl (Natriumchlorid)	Applichem	Darmstadt	Deutschland
HCl	Carl-Roth GmbH & Co	Karlsruhe	Deutschland
Tween®20	Carl-Roth GmbH & Co	Karlsruhe	Deutschland
$MgCl_2$ (Magnesiumchlorid)	Fermentas	St. Leon-Roth	Deutschland
Primer Ch23s-F	Eurogentec	Brüssel	Belgien
Primer CH23s-R	Eurogentec	Brüssel	Belgien
Sonde Tippelt 23s	Eurogentec	Brüssel	Belgien
Primer 191CHOMP	Eurogentec	Brüssel	Belgien
Primer CHOMP371	Eurogentec	Brüssel	Belgien
Primer 201CHOMP	Eurogentec	Brüssel	Belgien
Primer CHOMP336s	Eurogentec	Brüssel	Belgien
Primer TRACH269	Eurogentec	Brüssel	Belgien
Primer PNEUM268	Eurogentec	Brüssel	Belgien
Primer 218PSITT	Eurogentec	Brüssel	Belgien
Primer 204PECOR	Eurogentec	Brüssel	Belgien
Isopropanol/2-Propanol 99%	Carl-Roth GmbH & Co	Karlsruhe	Deutschland
Chlamydien-Standard	Friedrich-Löffler-Institut	Jena	Deutschland

C Geräte

Gerät	Beschreibung	Hersteller	Ort	Land
0,2-2 µl Pipette Ep research		Eppendorf	Hamburg	Deutschland
2-20 µl Pipette Ep research		Eppendorf	Hamburg	Deutschland
20-200 µl Pipette Ep research		Eppendorf	Hamburg	Deutschland
100-1000 µl Pipette Ep research		Eppendorf	Hamburg	Deutschland
Autoklav	Systec-Tisch Autoklav Mod 2540 EL	Tuttnauer	Breda	Niederlande
Zentrifuge	CL-GPKR (swing out rotor)	Beckmann	München	Deutschland
Zentrifuge	Biofuge primo R	Heraeus Instruments GmBH	Osterode	Deutschland
Zentrifuge	1K15	Sigma	Tauf-kirchen	Deutschland
Fluor Imager SI		Amersham Pharmacia Biotech	Uppsala	Schweden
HeizThermoMixer	HTM 130 RP, HLC	Haep Labor Consult	Bovenden	Deutschland
pH Meter	Orion, ORI037002,pH/mV/ ISE/Temp Meter, Colora	Colora	Lorch	Deutschland
Schüttler	3005	Gesellschaft für Labortechnik	Burgwedel	Deutschland

Gerät	Beschreibung	Hersteller	Ort	Land
Thermal Cycler	PTC 200	MJ Research	Miami	USA
UV-Lampe	TCP20.M	Vilbert Lourmat	Marne-la-Valle´	Frankreich
Wasser-aufbereiter	PureLab Plus™ UV/UF	Elga Labwater	Celle	Deutschland
Gelkammer		Pequlab	Erlangen	Deutschland
Zentrifuge	Tube-Strip Picofuge	Tomy Kogyo Co	Tokio	Japan
real-time PCR Cycler	Mx 3000P™	Stratagene	Amster-dam	Niederlande

Literaturverzeichnis

ABD EL-RAHIM IHA (2002):
Serumuntersuchungen zur Ermittlung der Verbreitung von Chlamydien-Infektionen beim Rind in Nordostdeutschland.
Der Praktische Tierarzt 83, 268-273

AHLERS D & GRUNERT E (1997):
Aborte beim Rind – diagnostische Maßnahmen und Forensik.
Der Praktische Tierarzt 78, 674-685

ALBRIGHT JL (1978):
Social considerations in grouping cows.
In: WILCOX CJ & VANHORN HH (Hrsg.): Large dairy herd management.
University Press of Florida, Gainsville, Florida, USA

AMIN AS, DARWISH GM, ZIADA MS & HASSAN MS (1999):
Trial to control *Chlamydia psittaci* in processed buffalo semen.
Assiut Veterinary Medical Journal 40, 319-331

ANDERSEN AA (1997):
Two new serovars of *Chlamydia-psittaci* isolates of restriction endonuclease analysis and serovar-specific monoclonal antibodies.
Journal of Veterinary Diagnostic Investigation 9, 159-164

APPLEYARD WT, AITKEN ID & ANDERSON IE (1985):
Attempted venereal transmission of *Chlamydia psittaci* in sheep.
The Veterinary Record 116, 535-538

ARBEITSGEMEINSCHAFT DEUTSCHER RINDERZÜCHTER (German Cattle Breeders' Federation) (2006):
Rinderproduktion in Deutschland 2005 – Zucht, Besamung, Leistungsprüfung.
Arbeitsgemeinschaft deutscher Rinderzüchter e.V. Druck-Center-Meckenheim, Meckenheim

BAGHIAN A & SCHNORR KL (1992):
Detection and antigenicity of chlamydial proteins that bind eukaryotic cell membrane proteins.
American Journal of Veterinary Research 53, 980-986

BARRY MA, LAI WC & JOHNSTON SA (1995):
Protection against mycoplasma infection using expression-library immunization.
Nature 377, 632-635

BEATTY WL, MORRISON RP & BYRNE GI (1994):
Persistent *Chlamydiae*: from cell culture to a paradigm for chlamydial pathogenesis.
Microbiology and Molecular Review 58, 686-699

BEDSON SP & BLAND JO (1932):
The developmental forms of psittacosis virus.
British Journal of Experimental Pathology 13, 461-466

BIESENKAMP-UHE C, Li YH, HEHNEN HR, SACHSE K & KALTENBOECK B (2007):
Therapeutic *Chlamydophila abortus* and *Chlamydophila pecorum* vaccination transiently reduces bovine mastitis associated with *Chlamydophila* infection.
Infection and Immunity 75, 870-877

BICKNELL EJ, REGGIARDO C, NOON TH, FURREY N, SHUPE M, MAZUR M, LEVINESS EA & RACIOT RG (1986):
Diagnostic studies on semen from Arizona range bulls.
The American Association of Veterinary Laboratory Diagnosticians 29, 17-24

BLEWETT DA, GISEMBA F, MILLER JK, JOHNSON FWA & CLARKSON MJ (1982):
Ovine enzootic abortion: the acquisition of infection and consequent abortion within a single lambing season.
The Veterinary Record 111, 499-501

BOREL N, THOMA R, SPAENI P, WEILENMANN R, TAENKUM K, BRUGNERA E, ZIMMERMANN DR, VAUGHAN L & POSPISCHIL A (2006):
Chlamydia-related abortions in cattle from Graubunden, Switzerland.
Veterinary Pathology 43, 702-708

BOREL N, KEMPF E, HOTZEL H, SCHUBERT E, TORGERSON P, SLICKERS P, EHRICHT R, TASARA T, POSPISCHIL A & SACHSE K (2008):
Direct identification of *Chlamydiae* from clinical samples using DNA microarray assay – a validation study.
Molecular and Cellular Probes 22, 55-64

BOWEN RA, SPEARS P, STORZ J & SEIDEL GE (1978):
Mechanisms of infertility in genital tract infections due to *Chlamydia psittaci* transmitted through contaminated semen.
The Journal of Infectious Diseases 138, 95-98

BUSTIN S (2000):
Absolute quantification of mRNA using real-time reverse transcription polymerase chain reaction assays.
Journal of Molecular Endocrinology 25, 169-193

BUXTON D, BARLOW RM, FINLAYSON J, ANDERSON IE & MACKELLAR A (1990):
Obersvations on the pathogenesis of *Chlamydia psittaci* infection of pregnant sheep.
Journal of Comparative Pathology 102, 221-237

CAVIRANI S, CABASSI CS, DONOFRIO G, DE IACO B, TADDEI S & FLAMMINI CF (2001):
Association between *Chlamydia psittaci* seropositivity and abortion in Italian dairy cows.
Preventive Veterinary Medicine 50, 145-151

CHANTON-GREUTMANN H, THOMA R, CARBOZ L, BOREL N & POSPISCHIL A (2002):
Aborte beim kleinen Wiederkäuer in der Schweiz: Untersuchungen während zwei Ablammperioden (1996-1998) unter besonderer Beachtung des Chlamydienabortes.
Schweizer Archiv für Tierheilkunde 144, 483-492

COX HU, HOYT PG, POSTON RP, SNIDER TG, LEMARCHAND TX & O'REILY KN (1998):
Isolation of an avian serovar from a case of bovine abortion.
Journal of Veterinary Diagnostic Investigation 10, 280-282

CUTLIP RC, SMITH PC & PAGE LA (1972):
Chlamydial polyarthritis of lambs: a review.
Journal of American Veterinary Medicine 161, 1213-1216

DAUTRY-VARSAT A, SUBTIL A & HACKSTADT T (2005):
Recent insights into the mechanisms of *Chlamydia* entry.
Cellular Microbiology 7, 1714-1722

DEGRAVES FJ, GAO D, HEHNEN HR, SCHLAPP T & KALTENBOECK B (2003a):
Quantitative detection of *Chlamydia psittaci* and *Chlamydia pecorum* by high-sensitivity real-time PCR reveals high prevalence of vaginal infection in cattle.
Journal of Clinical Microbiology 41, 1726-1769

DEGRAVES FJ, GAO D & KALTENBOECK B (2003b):
High-sensitivity quantitative PCR platform.
Biotechniques 34, 106-110

DEGRAVES FJ, KIM T, JEE J, SCHLAPP T, HEHNEN HR & KALTENBOECK B (2004):
Reinfection with *Chlamydophila abortus* by uterine and indirect cohort routes reduces fertility in cattle preexposed to *Chlamydophila.*
Infection and Immunity 72, 2538-2545

DOMEIKKA M, GANUSAUKAS A, BASSIRI M, FRÖMAN G & MÅRDH A (1994):
Comparison of polymerase chain reaction, direct immunofluorescence, cell culture and enzyme immunoassay for the detection of *Chlamydia psittaci* in bull semen.
Veterinary Microbiology 42, 273-280

EHRICHT R, SLICKERS P, GOELLNER S, HOTZEL H & SACHSE K (2006):
Optimized DNA microarray assay allows detection and genotyping of single PCR-amplifiable target copies.
Molecular and Cellular Probes 20, 60-63

EUGSTER AK & STORZ J (1971):
Pathogenetic events in intestinal chlamydial infections leading to polyarthritis in calves.
The Journal of Infectious Diseases 123, 41-50

EVERETT KDE (2000):
Chlamydia and *Chlamydiales*: more than meets the eye.
Veterinary Microbiology 31, 109-126

EVERETT KDE & ANDERSEN AA (1999):
Identification of nine species of the *Chlamydiaceae* using PCR- RFLP.
International Journal of Systematic Bacteriology 49, 803-813

EVERETT KDE, HORNUNG LJ & ANDERSEN AA (1999a):
Emended description of the order *Chlamydiales*, proposal of *parachlamydiaceae* fam. nov. and *Simkaniaceae* fam. nov., each containing one monotypic genus, revised taxonomy of the family *Chlamydiaceae*, including a new genus and five new species, and standards for the identification of organisms.
International Journal of Systematic Bacteriology 49, 415-440

EVERETT KDE, HORNUNG LJ & ANDERSEN AA (1999b):
Rapid detection of the *Chlamydiaceae* and other families in the order *Chlamydiales*: three PCR tests.
Journal of Clinical Microbiology 37, 575-580

FOURICHON C, SEEGERS H & MALHER X (2000):
Effect of disease on reproduction in the dairy cow: a meta-analysis.
Theriogenology 53, 1729-1759

FRONHOFFS S, TROTZKE G, STIER S, WERNERT N, ROTHE M, BRÜNING T, KOCH B, SACHINIDIS A, VETTER H & KO Y (2002):
A method for the rapid construction of cRNA standard curves in quantitative real-time reverse transcription polymerase chain reaction.
Molecular and Cellular Probes 16, 99-110

FUKUSHI H & HIRAI K (1992):
Proposal of *Chlamydia pecorum* sp. nov. for *Chlamydia* strains derived from ruminants.
International Journal of Systematic Bacteriology 42, 306-308

GERBERMANN H (1991):
Chlamydial infection in cattle with special reference to fertility.
Wiener Tierärztliche Monatsschrift 78, 13-19

GIVENS MD & MARLEY MSD (2008):
Pathogens that causes infertility of bulls or transmission via semen.
Theriogenology 70, 270-285

GÖLLNER S, SCHUBERT E, LIEBLER-TENORIO E, HOTZEL H, SALUZ HP & SACHSE K (2006):
Transcriptional response patterns of *Chlamydophila psittaci* in different in *vitro* models of persistent infections.
Infection and Immunity 74, 4801-4808

GODIN AC, BJÖRKMANN C, ENGLUND S, JOHANSSON K-E, NISKANEN R & ALENIUS S (2008):
Investigation of *Chlamydophila* spp. in dairy cows with reproductive disorders.
Acta Veterinaria Scandinavica 50, 1-6

GOFF JP & HORST RL (1997):
Physiological changes at parturition and their relationship to metabolic disorders.
Journal of Dairy Science 80, 1260-8

GRANT RJ & ALBRIGHT JL (2001):
Effect of animal grouping on feeding behaviour and intake of dairy cattle.
Journal of Dairy Science 84 (E. Supplement), 156-163

GRIFFITHS PC, PLATER JM, MARTIN TC, HUGHES SL, HUGHES KJ, HEWINSON RG & DAWSON M (1995):
Epizootic bovine abortion in a dairy herd: characterization of a *Chlamydophila psittaci* isolate and antibody response.
British Veterinary Journal 151, 683-693

GRIMES JE & WYRICH PB (1991):
Chlamydiosis (Ornithosis).
In: CALNEK, BARNES, BEARD, REID & YODER (Hrsg.): Diseases of poultry.
Iowa State University Press, Ames, Iowa, USA

GRÜN M, LIEBISCH M, SAUERWEIN H, JAHREIS G & SACHSE K (2009):
Flow cytometric quantification of chlamydial infection in cell culture.
Journal of Microbiology Methods 78, 360-362

HAHN J (1969):
Inheritance of fertility in cattle inseminated artificially.
Journal of Dairy Science 52, 240-244

HELPS C, REEVES N, TASKER S & HARBOUR D (2001):
Use of real-time quantitative PCR to detect *Chlamydophila felis* infection.
Journal of Clinical Microbiology 39, 2675-2676

HERRING AJ (1993):
Typing *Chlamydia psittaci* – a review of methods and recent findings.
British Veterinary Journal 149, 455-475

HOELZLE LE, HOELZLE K & WITTENBRINK MM (2004):
Major outer membrane protein (MOMP) of *Chlamydophila abortus*, *Chlamydophila pecorum*, and *Chlamydia suis* as antigens to distinguish chlamydial species-specific antibodies in animal sera.
Veterinary Microbiology 103, 85-90

HOLLIMAN A, DANIEL RG, PARR JG, GRIFFITHS PC, BEVAN BJ, MARTIN TC, HEWINSON RG, DAWSON M & MUNRO R (1994):
Chlamydiosis and abortion in a dairy herd.
Veterinary Record 134, 500-502

HORSCH F (1980):
Epizootiologie, Pathogenese und Infektabwehr bei den Chlamydieninfektionen der Wiederkäuer.
Wissenschaftliche Zeitschrift der Humboldt-Universität zu Berlin.
Science Report, 29, 5-9

HOTZEL H, SACHSE K & PFÜTZNER H (1996):
Rapid detection of *mycoplasma bovis* in milk samples and nasal swabs using the PCR.
Journal of Bacteriology 80, 505-510

JÄGER J, LIEBLER-TENORIO E, KIRSCHVINK N, SACHSE K & REINHOLD P (2007):
A clinically silent respiratory infection with *Chlamydophila* spp. in calves is associated with airway obstruction and pulmonary inflammation.
Veterinary Research 38, 711-728

JASKOWSKI L & SADOWSKI JM (1980):
Observations on the bovine genital Chlamydiosis.
9.Internationaler Kongress über tierische Fortpflanzung und künstliche Besamung, Madrid, Band 2, 445-452

JEE JB, DEGRAVES FJ, KIM TY & KALTENBOECK B (2004):
High prevalence of natural *Chlamydophila* species infections in calves.
Journal of Clinical Microbiology 42, 5664-5672

JONES GE & ANDERSON IE (1989):
Chlamydia psittaci excretion in ovine milk tested.
The Veterinary Record 124, 562-562

KALTENBOECK B, HEHNEN HR & VAGLENOV A (2005):
Bovine *Chlamydophila* spp. infection: do we underestimate the impact on fertility?
Veterinary Research Communications 29, (Supplement 1), 1-15

KALTENBOECK B, KOUSOULAS KG & STORZ JK (1992):
Two-step polymerase chain reactions and restriction endonuclease analyses detect and differentiate ompA DNA of *Chlamydia* spp.
Journal of Clinical Microbiology 30, 1098-104

KALTENBOECK B, SCHMEER N & SCHNEIDER R (1997a):
Use of synthetic antigens improves detection by enzyme-linked immunosorbent assay of antibodies against abortigenic *Chlamydia psittaci* in ruminants.
Journal of Clinical Microbiology 35, 2293-2298

KALTENBOECK B, SCHMEER N & SCHNEIDER R (1997b):
Evidence of numerous omp1 alleles of porcine *Chlamydia trachomatis* and novel chlamydial species obtained by PCR.
Journal of Clinical Microbiology 35, 1835-1841

KAUFFOLD J, HENNIG K, BACHMANN R, HOTZEL H & MELZER F (2007):
The prevalence of *Chlamydiae* of bulls from six bull studs in Germany.
Animal Reproduction Science 102, 111-121

KEHLRI M & SHUSTER DE (1994):
Factors affecting milk somatic cells and their role in health of the mammary gland.
Journal of Dairy Science 77, 619-627

KEMMERLING K, MÜLLER U, MIELENZ M & SAUERWEIN H (2009):
Chlamydophila species in dairy farms: polymerase chain reaction prevalence, disease association, and risk factors identified in a cross-sectional study in western Germany.
Journal of Dairy Science 92, 4347-4354

KOUL S, GUOTA PP & DHINGA PN (1988):
Experimental chlamydial mastitis in goats.
Australian Veterinary Journal 65, 399-400

LAFFLER TG, CARRINO JJ & MARSHALL LL (1993):
The ligase chain reaction in DNA-based diagnosis.
Annales de Biologie Clinique 51, 821-826

LAROUCAU K, SOURIAU A & RODALKIS A (2001):
Improved sensitivity of PCR for *Chlamydophila* using *pmp* genes.
Veterinary Microbiology 82, 155-164

LAROUCAU K, TRICHERIEAU A, VORIMORE F & MAHE AM (2007):
A *pmp* genes-based PCR as a valuable tool for the diagnosis of avian chlamydiosis.
Veterinary Microbiology 121, 150-157

LEBLANC SJ, DUFFIELD TF, LESLIE KE, BATEMAN KG, KEEFE GP, WALTON JS & JOHNSON WH (2002):
Defining and diagnosing postpartum clinical endometritis and its impact on reproductive performance in dairy cows.
Journal of Dairy Science 85, 2223-2236

LEE JK, VAN RADEN PM, NORMAN HD, WIGGAND GR & MEINERT TR (1997):
Realtionship of yield during early lactating and days open during current lactation with 305-day yield.
Journal of Dairy Science 80, 771-776

LIAO TF (2004):
Comparing social groups: wald statistics for testing equality among multiple logit models.
International Journal of Comparative Sociology 45, 3-16

LONGBOTTOM D & COULTER LJ (2003):
Animal chlamydiosis and zoonotic implications.
Journal of Comparatative Pathology 128, 217-244

MALEY SW, LIVINGSTONE M, RODGER SM, LONGBOTTOM D & BUXTON D (2009):
Identification of *Chlamydophila abortus* and the development of lesions in placental tissues of experimentally infected sheep.
Veterinary Microbiology 135, 122-127

MARASINGHE MW, MEEKER WQ, COOK D & SHIN TS (1996):
Using graphics and simulation to teach statistical concepts.
The American Statistician 50, 342-351

MCNUTT SH & WALLER EF (1940):
Sporadic bovine encephalomyelitis.
Cornell Veterinary Medicine 30, 437-448

MECKLINER S, WEHR J, HORSCH F & SEFFNER W (1980):
Zur experimentellen Chamydienmastitis.
Wissenschaftliche Zeitschrift der Humboldt-Universität zu Berlin.
Science Report 29, 75-80

NIEMCZUK K (2005):
Prevalence of antibodies against *Chlamydophila psittaci* and *Chlamydophila abortus* in cattle in Poland.
Bulletin of the Veterinary Institute Pulawy 49, 293-297

NORTON JH, TRANTER WP & CAMPBELL H (1989):
A farming system study of abortion in dairy cattle on the Atherton tableland. 2. The pattern of infectious diseases.
Australian Veterinary Journal 66, 163-167

ØVESTBØ R, FOSS HAUG KB, LANDE K & KIERULF B (2003):
PCR based calibration curves for studies of quantitative gene expression in human monocytes: development and evaluation.
Clinical Chemistry 49, 425-432

PAGE LA (1991):
Avian chlamydiosis (ornithosis).
In: CALNEK, BARNES, BEARD, REID & YODER (Hrsg.): Diseases of poultry.
Iowa State University Press, Ames, Iowa, USA

PAPADOPOULOS O & LEONTIDIS S (1972):
Mastitis produced experimentally in sheep with an ovine abortion *Chlamydia*.
Zentralblatt Veterinaermedizin B 19, 655-65

PAPP JR & SHEWEN PE (1996):
Pregnancy failure following vaginal infections of sheep with *Chlamydia psittaci* prior to breeding.
Infection and Immunity 64, 1116-1125

PAPP JR, SHEWEN PE & GARTLEY CJ (1994):
Abortion and subsequent excretion of *Chlamydiae* from the reproductive tract of sheep during estrus.
Infection and Immunity 62, 3786-3792

PETER O, DUPUIS G, PEACOCK MG & BURGDORFER W (1987):
Comparsion of enzyme-linked immunosorbent assay and complement fixation and immunofloreszens antibody-tests for detection *Coxiella burnetii* antibody.
Journal of Clinical Microbiology 25, 1063-1067

PEREZ-MARTINEZ JA & STORZ J (1985a):
Chlamydial infections in cattle part 1.
Modern Veterinary Practice 66, 515-522

PEREZ-MARTINEZ JA & STROZ J (1985b):
Chlamydial infections in cattle part 2.
Modern Veterinary Practice 66, 603-608

PETIT T, SPERGSER J, AURICH J & ROSENGARTEN R (2008):
Prevalence of *Chlamydiaceae* and *Mollicutes* on the genital mucosa and serological findings in dairy cattle.
Veterinary Microbiology 127, 325-333

PHILIPS HL & CLARKSON MJ (1998):
Experimental infection of pregnant ewes with *Chlamydia abortus*.
Infection and Immunity 66, 2818-2821

POLLARD DR, TYLER SD, NQ CW & ROZEE KR (1989):
A polymerase chain reaction (PCR) protocol for the specific detection of *Chlamydia* spp.
Molecular and Cellular Probes 3, 383-389

POSPISCHIL A, THOMA R, VON BOMHARD W, REITT K, CANTIENI J, ZIMMERMANN D & POLKINGHORNE A (2002):
Abort beim Rind durch *Chlamydia psittaci*.
Schweizer Archiv für Tierheilkunde 144, 467-472

RASMUSSEN-LATHROP SJ, KOSHIYAMA K, PHILLIPS N & STEPHENS RS (2000):
Chlamydia-dependent biosynthesis of a heparan sulphate-like compound in eukaryotic cells.
Cellular Microbiology 2, 137-144

RASSU M, FEDERICO ML, CAZZAVILLAN S, BONOLDI E, BELLONI M, BETTINI MC, PILOTTO A, MENGOLI C, PERON A, ZAMBELLO R, SCAGNELLI M & BERTOLONI G (2001):
Detection of *Chlamydophila* pneumoniae DNA in peripheral blood mononuclear cells of blood donors in the north-east of Italy.
Medical Microbiology and Immunology 190, 139-144

RAUBERTAS RF & SHOOK GE (1982):
Relationship between lactation measures of somatic cell concentration and milk yield.
Journal of Dairy Science 65, 419-425

RAY DE, HALBACH TJ & ARMSTRONG DV (1992):
Season and lactation number effects on milk production and reproduction of dairy cattle in Arizona.
Journal of Dairy Science 75, 2976-2983

REINHOLD P, JÄGER J, LIEBLER-TENORIO E, BERNDT A, BACHMANNR, SCHUBERT E, MELZER F, ELSCHNER M & SACHSE K (2008):
Impact of latent infections with *Chlamydophila* species in young cattle.
The Veterinary Journal 175, 202-211

REINHOLD P, JÄGER J, MELZER F & SACHSE K (2005):
Evaluation of lung function in pigs either experimentally or naturally infected with *Chlamydiaceae.*
Veterinary Research Communications 29, 125-150

RENKEMA JA & STELWAGEN J (1979):
Economic evaluation of replacement rates in dairy herds 1. Reduction of replacement rates through improved health.
Livestock production science 6, 15-27

RODALKIS A & SOURIAU A (1986):
Response of goats to vaccination with temperature sensitive mutants of *Chlamydia psittaci* obtained by nitrosoguanidine mutagenesis.
American Journal of Veterinary Research 47, 2627-2631

RODALKIS A, SALINAS J & PAPP J (1998):
Recent advances on ovine chlamydial abortion.
Veterinary Research 29, 276-288

ROGERS DG, ANDERSEN AA & HUNSAKER BD (1996):
Lung and nasal lesions caused by a swine chlamydial isolate in gnotobiotic pigs.
Journal of Veterinary Diagnostic Investigation 8, 45-55

ROLLE M & MAYR A (2002):
Medizinische Mikrobiologie, Infektions- und Seuchenlehre.
Ferdinand Enke Verlag, Stuttgart

RØNSHOLT L & BASSE A (1981):
Bovine mastitis induced by a common Intestinal *Chlamydia psittaci* strain - a pathogenetic and serological investigation.
Acta Veterinaria Scandinavica 22, 9-22

RURANGIRWA FR, DILBECK PM, CRAWFORD TB, MCGUIRE TC & MCELWAIN TC (1999):
Analysis of the 16s rRNA gene of micro-organism WSU 86-1044 from an aborted bovine foetus reveals that it is a member of the order *Chlamydiales* proposal of *Waddlia* fam. Nov., *waddlia chondrophila* gen. nov., sp. nov.
International Journal of Systematic Bacteriology 49, 577-581

SACHSE K & GROSSMANN E (2002):
Chlamydienerkrankungen der Nutz- und Haustiere- zoonotisches Potential der Erreger und diagnostische Fragen.
Deutsche Tierärztliche Wochenschrift 109, 137-216

SACHSE K & HOTZEL H (2003):
Detection and differentiation of *Chlamydiae* by nested PCR.
Methods in Molecular Biology 216, 123-36

SACHSE K, MELZER F, SCHUBERT E & REINHOLD P (2004):
Chlamydiosen beim Rind.
Grosstierpraxis 5, 14-18

SACHSE K, VRETOU E, LIVINGSTONE M, BOREL N, POSPISCHIL A & LONGBOTTOM D (2009):
Recent developments in the laboratory diagnosis of chlamydial infections.
Veterinary Microbiology 135, 2-21

SCHACHTER J (1999):
Which test is best for *Chlamydia*?
Current Opinion in Infectious Diseases 12, 41-50

SCHACHTER J, BANKS J, SUGG N, SUNG M, STORZ J & MEYER KF (1975):
Serotyping of *Chlamydia*: Isolates of bovine origin.
Infection and Immunity 11, 904-907

SCHIEFER HG & KRAUSS H (1982):
Zellbiologie der Chlamydien.
Laboratory Medicine 51, 51-53

SCHMEER N (1988):
Quantification of Antigen-specific Immunoglobulin-G subisotypes in the bovine answer.
Veterinary Immunology and Immunopathology 19, 363-366

SCHMEER N, SCHNORR KL, PEREZ-MARTINEZ JA & STORZ J (1987):
Dominance of *Chlamydia psittaci*-specific IgG2 subclass in the humoral immune responses of naturally and experimentally infected cattle.
Veterinary Immunology and Immunpathology 15, 311-322

SCHOLES D, STERGACHIS A, HEIDRICH FE, ANDRILLA H, HOLMES KK & STAMM WE (1996):
Prevention of pelvic inflammatory disease by screening for cervical chlamydial infections.
The new England Journal of Medicine 334, 1362-1366

SCHWERG H-P (1981):
Fütterungsabhängige Mastitisgeschehen in einer Milchviehanlage.
Monatsheft Veterinärmedizin 36, 901-903

SHEWEN PE (1980):
Chlamydial infections in animals: a review.
The Canadian Veterinary Journal 21, 2-11

SOURIAU A & RODALKIS A (1986):
Rapid detection of *Chlamydia psittaci* in vaginal swabs of aborted ewes and goats by enzyme-linked-immunosorbent assay (ELISA).
Veterinary Microbiology 11, 251-259

STAMP T, MCEWEN AD, WATT AA & NISBET DI (1950):
Enzootic abortion in ewes.
The Veterinary Record 62, 251-254

STING R (1997):
Chlamydia psittaci-Infekionen bei Kühen und weiblichen Schafen im nördlichen Baden
Würtemberg.
Tierärztliche Umschau 52, 332-339

STING R & MANDEL J (1995):
Antigennachweis von *Chlamydia psittaci* aus Genitalsekreten und der Milch von Kühen, sowie blutserologische Untersuchungen.
Tierärztliche Umschau 50, 167-175

STING R, SIMMERT J, MANDL J, SEEMANN G, BAY F, MÜLLER KF, SCHMITT K & MENTRUP T (2000):
Studies of *Coxiella burnettii* infections and infections with bacteria of the genus *Chlamydia* in dairy cattle.
Berliner und Münchener Tierärztliche Wochenschrift 113, 423-430

STORZ J (1964):
Über eine natürliche Infektion eines Meerschweinchenbestandes mit einem Erreger aus der Psittakose-Lymphogranuloma Gruppe.
Zentralblatt für Bakteriologie und Parasitenkunde 193, 432-446

STORZ J, CARROLL EJ, BALL L & FAULKNER LC (1968):
Isolation of a psittacosis agent (*Chlamydia*) from semen and epididymis of bulls with seminal vesiculitis syndrome.
American Journal of Veterinary Research 29, 549-555

STORZ J, CARROLL EJ, STEPHENSON EH, BALL J & EUGSTER EK (1976):
Urogenital infection and seminal excretion after inoculation of bulls and rams with *Chlamydiae.*
American Journal of Veterinary Research 37, 517-520

STORZ J, COLLIER JR, EUGSTER AK & ALTERA KP (1971a):
Intestinal bacterial changes in *Chlamydia*-induced primary enteritis of newborn calves.
Annals of the New York Academy of Science 176, 162-175

STORZ J, EUGSTER AK, ALTERA KP & OLANDER HJ (1971b):
Behaviour of different bovine chlamydial agents in newborne calves.
Journal of Comparatative Pathology 81, 299-307

STORZ J & KALTENBOECK B (1993):
The *Chlamydiales*.
In: WOLDEHIWET, Z & RISTIC, M. (Hrsg): Rickettsial and Chlamydial Diseases of Domestic Animals.
Pergamon Press, Oxford, United Kingdom

STORZ J & KRAUSS H (1985):
Chlamydia.
In: BLOBEL, H. und SCHLIESSER, T. (Hrsg.): Handbuch der bakteriellen Infektionen bei Tieren, Band V.
Gustav Fischer Verlag, Stuttgart

STORZ J, SHUPE JL, SMART RA & THORNLEY RW (1966):
Polyarthritis of calves: experimental induction by a psittacosis agent.
American Journal of Veterinary Research 27, 987-995

STOTT GH (1981):
What is animal stress and how is it measured?
Journal of Animal Science 52, 150-153

SURIYASATHAPORN W, SCHUKKEN YH, NIELEN M & BRAND A (2000):
Low somatic cell count: a risk factor for subsequent clinical mastitis in a dairy herd.
Journal of Dairy Science 83, 1248-1255

TAENKUM K, POSPISCHIL A, JANETT F, BÜRGI E, BRUGNERA E, HOELZLE LE, HOELZLE K, WEILENMANN R, ZIMMERMANN DR, GERBER A, POLKINGHORNE A & BOREL N (2007):
Prevalence in semen and genital tracts of bulls, rams and bucks.
Theriogenology 67, 303-310

THOMA R, GUSCETTI F; SCHILLER I,SCHMEER N, CORBEZ L & POSPISCHIL A (1997):
Chlamydiae in porcine abortion.
Veterinary Pathology 34, 467-469

THOMAS R, DAVISON HC & WILSMORE AJ (1990):
Use of the IDEIA ELISA to detect *Chlamydia psittaci* (ovis) in material from aborted fetal membranes and milk from ewes affected by ovine enzootic abortion.
British Veterinary Journal 146, 364-367

TRAVINICEK M, BALASCAK J, BALATY B & DRAVECKY B (1980):
Isolation of *Chlamydia psittaci* from bull ejaculate.
Veterinary Medicine (Prag) 25, 669-673

TWOMEY TF, GRIFFITHS PC, HORIGAN MW, HIGNETT BC & MARTIN TC (2006):
An investigation into the role of *Chlamydophila* spp. in bovine upper respiratory tract disease.
The Veterinary Journal 171, 574-576

TYCZKA J & JÄGER C (2002):
Molekulare Typisierung von 76 *Chlamydophila* Isolaten vom Wiederkäuer mittels PCR-RFLP.
Deutsche Tierärztliche Wochenschrift 109 (10), 449-453

VLAHOVIĆ K, DOVĈ A, ŽUPANĈIĆ Z, PAVLAK M & JERĈIĆ J (2001):
Comparision of serological procedures for diagnosis for infection with *Chlamydophila* spp. in bovines.
Veterinarsky Arhiv 71, 367-379

WANG FI, SHIEH H & LIAO YK (2001):
Prevalance of *Chlamydophila abortus* infection in domesticated ruminants in Taiwan.
Journal of Veterinary Medical Science 63, 1215-1220

WEHNERT C, WEHR G, TEICHMANN G, MECKLINGER S & ZIMMERHACKEL W (1980):
Investigations on the contribution of *Chlamydiae* to a mastitis episode.
Wissenschaftliche Zeitschrift der Humboldt-Universität zu Berlin.
Science Report 29, 71-73.

WEHREND A, BLEUL U, JÄGER C & BOSTEDT H (2000):
Zur Häufigkeit von *Chlamydia psittaci* Infektionen bei Rindern in Betrieben mit Fruchtbarkeitsstörungen.
Tierärztliche Praxis 28, 80-83

WEHREND A, FAILING K, HAUSER B, JAGER C & BOSTEDT H (2005):
Production, reproductive, and metabolic factors associated with chlamydial seropositivity and reproductive tract antigens in dairy herds with fertility disorders.
Theriogenology 63, 923-930

WENNER HA, HARSHFIELD ES & CHANG TW (1953):
Sporadic bovine encephalomyelitis 2. studies on the aetiology of the disease-isolation of 9 strains of an infectious agent from naturally infected cattle.
American Journal of Hygiene 57, 15-29

WILSON MR & THOMPSON MG (1968):
Chlamydia pneumonia of calves.
Research in Veterinary Science 9, 467-473

WITTENBRINK MM & BISPING W (1987):
Diagnostic of enzootic abortions of ewes by isolation of the agens (*Chlamydia psittaci*) in cell culture.
Tierärztliche Umschau 42, 124-133

WITTENBRINK MM, BISPING W, MROZEK M & HORCHLER H (1993):
Die intestinale *Chlamydia psittaci*-Infektion des Rindes: Häufigkeit sowie technische Aspekte des kulturellen Erregernachweises.
Deutsche Tierärztliche Wochenschrift 100, 195-198

WITTENBRINK M. M., HORCHLER H. & BISPING W (1988):
Untersuchungen zum Vorkommen von *Chlamydia psittaci* im Genitaltrakt und Kot von weiblichen Schlachtrindern.
Journal of Veterinary Medical Science 35, 237-246

Danksagung

Besonderer Dank gilt Frau Prof. Dr. Dr. Helga Sauerwein für die Überlassung des Themas und die Unterstützung und Diskussion in der Zeit der Promotion.

Herrn Prof. Dr. Karl-Heinz Südekum möchte ich herzlich für das Interesse an meiner Arbeit und die Übernahme des Korreferats danken.

Ein herzliches Dankeschön an Frau Dr. Ute Müller für ihre Unterstützung auf jede erdenkliche Art und Weise und in jedem Bereich. Für das immer wieder „Zurückführen" auf den richtigen Weg und die vielen Diskussionen.

Großer Dank auch an Herrn Dr. Manfred Mielenz für die Einführung, die Betreuung und die Beantwortung aller Fragen, die die Molekularbiologie betrafen.

Frau Dr. Petra Regenhardt für die Diskussionen und die Hilfe vor allem beim Schreiben des Papers und das Korrektur lesen.

Dank an Herrn Dr. Konrad Sachse und seinen Mitarbeiterinnen vom Friedrich-Löffler-Institut in Jena für die Einführung in die Technik der real-time PCR und die Beantwortung aller Fragen in Sachen Chlamydien.

Vielen Dank an Herrn Doktor Christian Rietz für die Hilfe bei der Entwicklung der logistischen Modelle.

Herrn Dr. Apel und seinen Mitarbeitern vom Labor des Tiergesundheitsdienstes der Landwirtschaftskammer Nordrhein-Westfalen für die Untersuchung der Bakteriologie-Tupfer.

Herrn Dr. Marc Holsteg für die Mitnahme beim Probenziehen in einigen Betrieben.

Herrn Dr. Klemens Oechtering vom Landeskontrollverband Nordrhein-Westfalen, für die Betriebslisten.

Gedankt sei dem Forschungsschwerpunkt „Umweltverträgliche und Standortgerechte Landwirtschaft" (USL), dem Ministerium für Umwelt, Naturschutz, Landwirtschaft und Verbraucherschutz des Landes NRW für die finanzielle Unterstützung des Projektes.

Auch ein großes Dankeschön an Frau Isabella Israel und Frau Inga Hofs für die Unterstützung, die Einführung und die Beantwortung vieler Fragen in der Molekularbiologie. Ebenfalls Danke auch an Frau Hannelore Brüssel für die Benutzung ihres Labors und die Hilfe in allen Fragen der Mikrobiologie. Lieben Dank auch an Frau Barbara Heitkönig für viele verschiedene Dinge.

Dank auch an Daniela, Pia, Domenica, Vera und Kristina für die Hilfe bei der Probenentnahme.

Ein Dankeschön an Herrn Sakeh Forcob, der im Rahmen seiner Diplomarbeit die nested PCR durchführte.

Dankeschön an meinen Mitdoktoranden, im Besonderen an meine Freundin Anneka, mit der ich fast meine gesamte Doktorandenzeit verbracht habe und die mit mir „Freud und besonders Leid" teilte.

Vielen Dank an Anika und Christina für die viele Arbeit rund um das Rigorosum.

Vielen lieben Dank an Sabrina und Elena für das Korrekturlesen meiner Arbeit und Elena auch für alles, alles andere.

Janet danke ich für das Zuhören und die Gespräche in allen Belangen, gut, dass Du vor mir fertig warst.

Dank auch an meine liebe Freundin Kerstin, die mir immer zugehört hat und mich aufgebaut hat und immer neuen Mut gab.

Dank an meine Schwester Heike, die immer an mich geglaubt hat und mit der ich immer über alles sprechen konnte, die meine Launen ertragen hat und mir auch zum richtigen Zeitpunkt immer die Meinung gesagt hat.

Ein großes Dankeschön an meine Eltern, die immer an mich geglaubt haben und mich in allen Dingen ohne viele Worte unterstützt und die immer alles für mich getan haben.

Zuletzt geht noch ein riesig liebes Dankeschön an Axel, der mich immer dazu angetrieben hat, fertig zu werden und der fest von mir überzeugt war, dass ich diese Arbeit und alles andere gut schaffe, ohne jemals an mir zu zweifeln.